中国农民卫生保健丛书

卫生部、科技部送卫生科普知识下乡工程

# 科 学 育 儿


王惠珊 主编

编 者（按姓氏笔画排序）

马 艺 连光利 黄小娜

黄 菁 康如彤 谢 健




中国协和医科大学出版社

**图书在版编目（CIP）数据**

科学育儿／王惠珊主编. —北京：中国协和医科大学出版社，2007.5

（中国农民卫生保健丛书）

ISBN 978-7-81072-917-8

Ⅰ. 科… Ⅱ. 王… Ⅲ. 婴幼儿-哺育-基本知识 Ⅳ. TS976.31

中国版本图书馆 CIP 数据核字（2007）第 066674 号

中国农民卫生保健丛书

科学育儿

主　　编：王惠珊
责任编辑：吴　磊　谢　冰

出版发行：中国协和医科大学出版社
（北京东单三条九号　邮编 100730　电话 65260378）
网　　址：www.pumcp.com
经　　销：新华书店总店北京发行所
印　　刷：北京丽源印刷厂

开　　本：787×1092 毫米　1/32 开
印　　张：6
字　　数：85 千字
版　　次：2007 年 5 月第一版　2010 年 3 月第三次印刷
定　　价：12.00 元

ISBN 978-7-81072-917-8/R·910

# 卫生部、科技部送
# 卫生科普知识下乡工程

## 《中国农民卫生保健丛书》编委会

# 序

在一年一度的全国科技周来临之际，“振兴老区、服务三农、科技列车井冈行”的列车启动了。为了配合这次活动，卫生部和科技部组织专家编写的一套《中国农民卫生保健丛书》也将随着这辆列车送往革命老区。

改革开放以来，农村广大群众的生活有了很大改善，医疗水平有了一定的提高。但是，农村的医疗卫生条件、农民的个人卫生意识与城市相比仍然有很大的差距。农民保健知识十分贫乏，自我保健意识不强。农民因病致贫、因病返贫的现象依然存在，在一定程度上影响了农村经济的发展。党的十六大报告指出，我国城乡二元经济结构还没有改变，地区差距扩大的趋势尚未扭转，贫困人口还为数不少；并提出，我们要在本世纪头二十年，集中力量，全面建设惠及十几亿人口的更高水平的小康社会，使经济更加发展、民主更加健全、科教更加进步、文化更加繁荣、社会更加和谐、人民生活更加殷实。小康社会的重要标志之一，就是全民健康水平的提高。我国百分之八十的人口在农村，只有农民群众的健康水平提高了，才能进入全面小康社会。

为了提高广大农民的健康水平，科技部政策法规与体制改革司、卫生部科技教育司商定，开展农村卫生科普需求及传播方式研究。自2004年5月科技周以来进行了有代表性的五省区卫生科普调研（以中原地区和少数民族地区的农村、农民、城乡结合部为主）。根据调研的结果，组织专家编写并出版了这套丛书。我相信，这套丛书的出版，一方面会给农民群众带去健康知识和科学的生活理念，从而提高农民群众的防病能力，另一方面会给出版界带来一定的示范效应。我希望有更多的出版社加入到这个行列中来，为农村居民出更多更好的书。

卫生部副部长：[signature]

# 前 言

阳光、空气和水滋润着幼苗，逐渐长成参天大树。父母无私的爱，呵护着幼小的孩子变为有用的栋梁材。养育一个健康聪明的孩子是每个父母的心愿。婴幼儿期（3 岁以内）是孩子发育最迅速、最关键的时期，采用科学的养育方法，为孩子提供完美健康的基础，将对他的一生起着重要的作用。

本书以聊天讲故事的形式，娓娓道来新生儿的特点与护理、免疫接种、母乳喂养技巧、给孩子添加母乳以外食物的方法、孩子常见感染性疾病的识别和处理措施、预防孩子伤害的建议，以及促进孩子良好心理、性格发展的保健知识，希望对年轻的父母们有所帮助，在养育孩子的实践中，更好地与孩子心灵沟通，用温暖的胸怀、勤劳的双手、智慧的摇篮来孕育人类的希望和未来，让孩子幸福、茁壮地成长！

编　者
2007年4月

# 目 录

目　录

# 新生儿的特殊生理现象不必担心

毛毛出生4天，脸上的皮肤呈现轻度的黄染。母乳吃得很好，但是体重似乎下降了一点，口中还可看到淡黄色的小点点。尤其是发现乳房长大如蚕豆，并有少量泌乳。毛毛的爸爸不知道孩子是否出问题了，请保健医生来家里检查。全面体检后，医生告诉毛毛的父母，孩子一切正常，他们所看到的是新生儿所特有的生理现象，不用治疗。

## 生理性黄疸

新生儿出生后2~3天一般会出现皮肤、粘膜发黄，4~6天达高峰，7~10天消退。若黄疸出现过早，或程度严重（如手掌、脚底发黄等）或持续不退，或消失后再现，应考虑为病理现象，应及时上医院。

## 生理性体重下降

新生儿生后1～2天可能会出现体重下降，下降幅度为出生体重的6%～9%，最多不超过10%，且多数新生儿于7～10天恢复到出生时体重。

## 乳房增大与泌乳

乳房增大与泌乳多在出生后3～5天出现，2～3周后消退。男女新生儿都可发生。乳房增大是受胎儿期从母体获得的催乳素及孕酮的影响所致，不要用手挤。

## 假月经

部分女婴在出生后5～7天阴道会流出少量带血分泌物（假月经），3～5天后自行消失。这是由于胎儿期从母体获得的雌激素在出生后突然中断所致，不需处理。

## “螳螂嘴”与“马牙”

新生儿口腔内两侧颊部各有一隆起的脂肪垫，俗称“螳螂嘴”，有利于吸吮乳汁。牙龈部有散在的淡黄色、米粒大小颗粒，俗称“马牙”。有时硬腭中线上也可见类似结节，均为上皮细胞堆集所致，几周后会自然消失。千万不要擦，以免感染。

# 新生儿家庭护理技巧

苗苗出生才1天，年轻的父母手忙脚乱，除喂奶外，不知道应该如何护理新生儿。保健医生及时到家里来了，手把手教给妈妈新生儿眼睛、皮肤、脐部的护理，以及一些预防疾病的知识。

胎脂有保护皮肤作用，故不必急于擦掉，至少在出生6小时后再做处理（可用消毒植物油轻轻擦去）。可用纱布蘸温开水将头皮、耳后、面、颈部及其他皱褶处血渍轻轻拭去。

## 眼睛的护理

每天可用棉球蘸清洁的温水清洁新生儿双眼。如眼睛发红、肿胀，或有黄绿色脓性分泌物，可能有眼部感染，应及时上医院治疗。

## 皮肤护理

有条件时每周最好给新生儿洗 1 ~ 2 次澡。洗澡时注意保证室内温暖，不通风。脐带脱落前，最好分上下身洗，以防弄湿脐带。洗后完全擦干全身再穿衣服并盖好。新生儿指甲应及时剪去，以防划伤自身皮肤。

## 脐部的护理

应保持脐带残端干燥和清洁。除断脐带 24 小时内盖上消毒纱布外，以后不必覆盖任何物品。脐带刚脱落 1 ~ 2 天时，脐窝处会有少量黄色胶冻状分泌物，无臭味，可用 75% 酒精涂抹，并保持干燥。如果脐周皮肤红肿，或有脓性分泌物，应立即到医院儿科治疗。

## 常规护理

保持良好的环境卫生，新生儿居室应每天通风换气 45 分钟，保证室内空气新鲜。通风时可将新生儿暂时抱到另一个无对流风的地方。新生儿的衣被要勤洗勤换，最好在户外晾晒。尽量减少亲属的探望，患病者最好不要接触新生儿。按计划免疫程序要求及时进行预防接种。

## 预防维生素 A、D、K 缺乏症

从出生后第 15 天开始，可以给予口服维生素 D 400 ~800 单位/日；口服维生素 A 1 200 ~2 400 单位/日。正常新生儿出生 6 小时肌内注射维生素 $K_1$ 5 毫克一次，预防晚发性维生素 K 缺乏。

# 预防新生儿低体温

大发婶焦急地抱着刚出生 2 天的孙女找医生。孩子生后 2 小时就出院了，回家后马上就洗了个澡。刚开始孩子手脚发凉，继而身体发凉，现在吃奶也差了。医生测量孩子腋下皮肤温度，发现低于 35.3℃，属于低体温了，需要复温治疗。

## 可能引起新生儿低体温的因素

新生儿生理特点决定了其出生时体温不稳定，易受外环境的影响。当环境温度降低，保暖措施不够或热量摄入不足时，均易发生低体温。如果出生时身上粘有羊水没有及时擦干，也没有用包被包好，则其体温将在 10 ~ 20 分钟内下降 2 ~ 4℃。延迟喂养导致营养摄入不足，使新生儿体内血糖下降，也将影响正常体温的维持。此外，低体温也可能是感染的表现。新生儿低体温不仅可引起硬肿症，还可造成重要脏器受损，甚至导致死亡。

## 新生儿低体温的预防

刚出生后断脐带前应立刻用柔软的纱布或干毛巾擦干新生儿头及身上的羊水，用包被或预热的暖包将新生儿全身包好，穿好袜子，但不要包得过紧或捆绑孩子。新生儿头部表面积占体表面积的1/5，经头部散热较多，故应注意包好头部或戴上帽子。

新生儿出生后1小时内应放在妈妈怀抱中直接接触妈妈肌肤，并让其吸吮乳房，尽早开始母乳喂养。新生儿与妈妈进行肌肤接触不仅有利于保暖及母乳喂养，而且利于母子关系的建立。出生后应尽量让新生儿与妈妈在一起，便于母乳喂养。

对于冬季出生的新生儿，不要出生后立即洗澡，最好在生后第二、三天再洗澡。在其他季节如果给新生儿洗澡，最早在出生6小时以后，以给他们时间适应新环境。早产和低出生体重儿应在体重增加后再洗澡（大约需要几周）。洗澡时室温最好在25～28℃，如果环境温度较低，裸露时间要尽量短。

给新生儿穿柔软的衣服或用柔软干净的布包裹，头上戴帽子。换尿布和衣服时尽量减少全身暴露。给新生儿称体重时也应包裹好（将包被重量从称重结果中减除才是新生儿真正的体重）。

不要将新生儿放在寒冷的地方。要经常（约每4小时1次）触摸新生儿的脚来确定其温度。如果脚冷，应该采用皮肤接触的方法给孩子复温，或者用预热的棉垫及妈妈的衣服盖住孩子，棉垫变凉后更换另一个，直到新生儿手脚变暖。

避免保暖过度。如果天气炎热，不可包裹太多，以免引起新生儿脱水、发热等不良后果。

# 袋鼠妈妈保暖法

刚过了大年，建新的媳妇不到预产期就分娩了，生了一个男孩，出生体重才2350克，医生把他叫做“早产儿”。医生告诉建新，除母乳喂养外，一定要注意给孩子保暖。如果把孩子冻着，很容易得硬肿症等疾病，会危及生命的。带养早产儿的室内温度最好在24～28℃，接近成人皮肤的温度。如果家里没有很好的取暖设备，可以尝试用袋鼠妈妈保暖法。

## 什么是袋鼠妈妈保暖法

将孩子竖直放在妈妈胸前两侧乳房之间，用捆绑袋固定好。孩子裸露，只需戴帽子、穿袜子及兜尿布，前胸皮肤紧贴妈妈皮肤；妈妈穿略肥大的上衣，以能将新生儿包裹好为宜。孩子头侧向一边，头微仰的姿势有利于保持呼吸道畅通，并利于妈妈与孩子的目光接触，但要避免孩子头部过度前屈和仰伸。这种袋鼠妈妈保暖法，尤其适合家庭带养早产，因为成人的体温是早产儿最适合的温度。

## 使用袋鼠妈妈保暖法的注意事项

要注意将衣服捆紧，以防妈妈站起时孩子滑出。应确保捆紧处在孩子胸部，不要压迫孩子腹部。

袋鼠妈妈保暖法每次应不少于 60 分钟，在没有其他有效保暖措施时，可在白天和夜间持续进行皮肤接触，只在换尿布时才暂时中断。只要妈妈和孩子感到舒服，就可以持续进行到孩子达到足月或体重 2500 克时。

采用袋鼠妈妈保暖法的妈妈可以做任何她想做的事情：如走路、站着、坐着或进行其他各种活动等。睡觉时妈妈可以采取半侧卧位或半仰卧位，可在普通床上多放几个枕头，该姿势可以减少孩子呼吸暂停的危险。

妈妈要离开孩子时，应将孩子用暖和

的毯子包好，放在无风且温暖的地方。此时也可由家中其他人（父亲、同伴、祖母等）代替妈妈进行保暖。

袋鼠妈妈保暖法不仅适用于早产儿，对于在寒冷季节出生的正常新生儿，如果缺乏保暖条件，也可以采取该方法。

# 孩子的睡眠

睡眠和孩子的生长发育密切相关，睡眠差的孩子生长发育相对较慢，而且容易出现犯困、注意力不集中、多动、易怒等不良现象。作为父母，您可能正被孩子各种各样的睡眠问题困扰着，以下是在门诊当中，家长经常问到的一些问题。您是否也存在类似的困惑呢?

## 孩子应睡多长时间

“别人的孩子每天能睡 18 个小时，我们家孩子只睡 15 个小时，睡眠时间是不是没有达标，会不会影响孩子发育?”

睡眠时间的长短会随着孩子的年龄而有所改变，而且个体差异较大，有些孩子需要的睡眠多，有些孩子需要的睡眠少，家长无需与别人比较，原则上，只要孩子的精神状态好、食欲正常、没有消化方面的问题、体重增长良好就可以。但是如果偏离同龄孩子太多，比如刚出生的孩子每天一般睡16～18个小时，而您的孩子只睡12个小时，可能需要咨询一下医生，进行一下生长发育方面的监测。以下是不同年龄的孩子平均每天需要的睡眠时间。

**不同年龄孩子平均睡眠时间**

| 睡眠＼年龄 | 0～3个月 | 3～6个月 | 6～12个月 | 1岁及以上 |
|---|---|---|---|---|
| 全日（小时） | 15或以上 | 14～15 | 13～14 | 12～13 |
| 日间小睡（次数） | 3～4次 | 2～3次 | 2次 | 1～2次 |
| 特点 | ◈正在适应母体外的生活及环境<br>◈睡眠习惯较不规律<br>◈昼夜不分，每次小睡时间较短，2～3小时 | ◈生活习惯逐渐规律<br>◈晚上睡眠时间占全天的2/3<br>◈每次睡眠时间与日间清醒时间增长 | ◈60%的孩子晚上睡眠时间在6小时以上<br>◈每次小睡之间有3～4小时清醒<br>◈9月龄后会自己选择睡还是不睡 | ◈晚上可连续睡10小时<br>◈2岁以后每天小睡逐步消失<br>◈2～12岁每天平均睡10～12小时<br>◈睡眠模式逐渐接近成人 |

## 晚上的入睡时间

“晚上不管孩子什么时候入睡，只要他睡觉的时间够了就可以了。”

这个观点是不正确的。充足的睡眠时间对于孩子的生长发育是非常关键的，但是与睡眠时间相比，孩子的睡眠质量也很重要。睡眠一般分为熟睡和浅睡两个阶段，孩子晚上睡觉的时间不同，熟睡和浅睡各自所占的时间也不同的。一般入睡越晚，孩子处于熟睡的时间就越少，浅睡的时间就多一些。深睡与孩子长个密切相关，浅睡主要和孩子记忆力的发育有关，二者缺一不可。所以，要保证孩子良好的睡眠质量，需要让孩子按时入睡，一般以晚 8 点左右睡觉最为适宜，最迟不能超过晚 9 点，但也不提倡过早上床，以免因过早上床而导致入睡困难，或因早睡而致晨醒。

## 哄孩子入睡的方式

“抱着睡会让孩子有一种安全感，可以让

他更快地入睡。”

抱着睡确实可以让孩子获得一种安全感，但也容易让孩子形成依赖性，到孩子大一点，想戒除它就困难了。这种过分的依赖心理还会延长孩子的入睡时间，容易造成入睡困难，而且如果孩子夜间醒来，父母又不能及时给以相应的安慰的话，他将很难再自己入睡。这对培养孩子独立入睡的习惯和孩子的睡眠质量都会造成不良影响，而且父母也很辛苦。因此，父母应该从小把孩子放到孩子床上，训练其独立入睡的能力。

## 不要过多打扰孩子的睡眠

“夜间孩子一有动静，轻轻地拍拍他，可以帮他继续入睡。”

其实，夜间孩子熟睡时除了偶尔的惊跳和极轻微的嘴动外，一般没有其他活动。而在浅睡眠时，孩子的手臂、腿和整个身体偶尔会有些活动，脸上还可能会做怪相、皱眉、微笑等等，这些都是浅睡眠时的正常表现。这时父母不要急着去拍他、抱他或者给他喂奶，否则，给予过多的干预，会人为地打断孩子的睡眠，破坏孩子的睡眠规律。我们需要先在床边观察一段时间，看孩子是否能接着睡。如果孩子出现了更多的表现，比如哭闹时，我们再去进行处理。

## 孩子打呼噜说明什么

“孩子打呼噜说明睡得香。”

大部分的家长都存在类似的观点，认为打呼噜是孩子睡得沉的表现。实际上，孩子打呼噜往往是由于孩子咽喉部的腺样体或扁桃体肥大，影响了孩子通气造成的。这样的孩子白天经常会出现头痛、打瞌睡、鼻塞、张着嘴巴喘气等现象。时间长了，这种状况会影响孩子的正常生长发育，例如长得矮、智力差、记忆力差、出现“地包天”等现象。所以如果您的孩子经常打呼噜，最好带孩子到医院的耳鼻咽喉科做一下检查。另外，有时孩子打呼噜是因为感冒了，感冒好了以后，打呼噜就会消失。

## 关于夜间进食

“孩子半夜会饿，需要起来吃点东西，才能睡得好。”

由于出生头几个月的小孩子主要是吃液体的奶，大部分半夜醒来需要进食。但从 3 个月起，孩子开始逐步学习夜间连续不间断的睡眠，一般 6 个月以后，孩子不再需要夜间进食，家长应逐渐减少夜间喂养的时间、次数，以免干扰其睡眠。对于半夜醒来需要喂食的孩子，可在睡前加喂一餐泥糊状食物，防止半夜进食，导致再次入睡困难。

# 母乳喂养好处多
## ——我决定母乳喂养

阿秀快要临产了，虽然没有婆婆帮忙，但夫妻俩把临产前的准备也做得差不多了。看！包裹中放着孩子的衣服、被褥、尿片……还有在阿秀的坚持下买回来的奶瓶和一袋奶粉。说起奶瓶和奶粉，阿秀和丈夫为这还争论过呢。丈夫说自古女人生孩子、奶孩子是很自然的事情，是女人的本分，为什么不喂奶要喂奶粉呢？可阿秀不这么认为。她想，电视上演的吃奶粉的孩子多漂亮、多聪明，肯定是奶粉比人奶好。再说了，城里的孩子吃奶粉，我的孩子凭啥不能吃？电视上给孩子吃奶粉的妈妈身材那么好，我为啥不学学她，也永远漂亮呢！所以阿秀暗自下决心，夫妻俩节约一些，一定要让孩子吃上奶粉！阿秀正寻思着，给她做产前检查的村医张大姐来了，快言快语的张大姐告诉阿秀，喂母乳对孩子最好，母乳最有营养、最易消化。母乳喂养的孩子生病少。另外，母乳喂养有利于妈妈身材的恢复……一席话，让阿秀的想法完全改变了。

阿秀选择了喂孩子吃母乳！

## 母乳的好处

母乳营养好，是孩子最佳的营养品。母乳中含有孩子需要的各种营养物质。

母乳最适宜孩子消化吸收。

母乳中含有大量的免疫物质，可使孩子得到天然的免疫和保护。

母乳可以避免孩子发生过敏反应。

母乳卫生且温度适宜，可直接哺喂孩子，方便又经济。

## 母乳喂养的好处

有助于亲子关系和孩子的发育　哺喂过程中，母子间的交流，如皮肤的接触、妈妈的语言、微笑和双方的对视等不仅增加了母子感情，使孩子获得安全感、满足感，也是对新生儿最早期的智力开发，这些均有利于孩子心理行为的发育。

有助于推迟再次妊娠　母乳喂养可抑制妈妈排卵，利于避孕。

保护妈妈健康　母乳喂养有利于子宫的收缩和复位，减少产后出血等并发症的发生。

## 母乳成分有说头
### ——要让孩子吃到初乳

小芳怀孕了，婚后8年才盼来这么个孩子！夫妻俩决心要好好抚养孩子。眨眼的功夫就到了预产期，孩子平平安安地出生了，夫妻俩别提有多美了。村医说要小芳早点喂奶，小芳挺同意。怀孕时就听人说母乳喂养好，她早就决定给孩子喂母乳了。可是真给孩子喂奶，小芳就犯嘀咕了。第一，小芳没有觉得胀奶，还没有下奶怎么喂孩子？第二，挤奶的时候只挤出了几滴有点粘的水，看着是清亮的，在她的想象中，奶应该是白的，这清亮的是奶吗？孩子吃了不会有问题吧？所以小芳没敢喂，孩子饿得哇哇直哭，小芳的心也急得猫抓似的。体贴的丈夫赶紧请来了村医。村医的一番话，让小芳放下心来，开开心心地喂起了孩子。原来母乳有好多说头，什么初乳、成熟乳、前奶、后奶。小芳这时候的奶叫初乳，特别有营养，孩子吃了还可以少得病呢！

## 什么叫初乳与成熟乳

初乳是妈妈分娩后最初几天内产生的母乳，粘稠，颜色发黄或清亮，比成熟乳含有更多的蛋白质。

成熟乳是继初乳几天后妈妈产生的母乳。成熟乳分泌量大。此时乳房充盈、变硬并变重，就是所谓的“下奶”。

## 什么叫前奶与后奶

前奶是在一次哺乳过程中先产生的乳汁。

后奶是在一次哺乳过程中后产生的乳汁。

前奶的量很多，它提供了丰富的蛋白质、乳糖、水和其他营养素。孩子摄入大量前奶，得到了所需的全部水分，所以在出生 6 个月内，即使在炎热的天气里，也不必喝水和其他饮料。后奶含的脂肪较多，外观比前奶白。母乳的大部分能量由这些脂肪提供。因此，妈妈以某侧乳房喂孩子时，喂的时间不能太短。这样才能保证孩子既吃到前奶又吃到后奶。

## 初乳的重要性

初乳比成熟乳含有更多抗体和其他抗感染蛋白及白细胞，有助于预防对新生儿十分危险的细菌感染，并为孩子提供出生后很多疾病的初次免疫。

初乳有轻微的通便作用，帮助清理孩子肠腔内的胎粪（第一次黑色大便），从而排出胆红素，预防黄疸。

初乳含有生长因子，有助于孩子肠腔发育，预防孩子发生过敏反应或不耐受。

初乳含有丰富的维生素 A，可以减少孩子严重的感染。

因此，让孩子吃到初乳非常重要。孩子出生时，初乳已储存在妈妈乳房中。在开始母乳喂养前不应该给新生儿喂任何饮料或食物。在吃到初乳前喂食人工食物容易导致孩子过敏或感染。

## 如何判断孩子是否吃到了足够的母乳

如果孩子每月体重增长大于500克，说明吃到了足够的母乳。

纯母乳喂养的孩子，如果24小时排尿不少于6次，也说明吃到了足够的母乳。但如果给孩子喂母乳的同时还喂了其他液体，比如水，即使孩子排了很多尿，也不能确信孩子得到了足够的母乳。

# 喂奶不费劲

## ——注意母乳喂养的姿势

张大妈得了个大胖孙子，乐得合不拢嘴，忙着买鸡、买鱼，炖汤给儿媳妇小华下奶，好让孩子孙子有奶吃。张大妈看着儿媳妇喂奶就着急，儿媳妇坐在床上，弓着身子使劲想给孩子喂奶，可孩子吃不了两口就哇哇哭，好像吃不出来，又像是呛着了。急得张大妈伸手帮儿媳妇托着乳房，把乳头塞进孙子嘴里，可孙子不配合，头一动又吐了出来。没一会，张大妈和儿媳妇都累出了一身汗，孙子还饿得直哭。张大妈真着急，自己年轻的时候，喂孩子没这么费劲呀。哎！正在着急的时候，村医刘大姐来了，她看小华愿意坐着喂，就让小华坐在一个椅子上，坐得舒舒服服的，还让她在左脚下踩了个小板凳，然后又边看小华试着喂，边告诉她如何抱孩子，怎样找时机让孩子含住乳头，怎样托乳房，眼看着孩子安静地、有节律地吃奶了，张大妈和小华都露出了笑容。

小华是因为没把孩子抱直，托乳房的手离乳头太近等原因，造成了开始喂奶时的不顺。

## 喂母乳时如何抱孩子

喂母乳时抱孩子要注意以下四点：

- 孩子的头和身体呈一条直线。
- 孩子身体贴近妈妈。
- 孩子头、颈要得到支撑。
- 孩子贴近乳房，鼻子对着乳头。

如果孩子的头和身体不呈一条直线，孩子会很难受，吞咽不顺畅。孩子的身体没有贴着妈妈，就像张大妈儿媳妇那样，妈妈弓着身子来靠近孩子，妈妈会因为太累支持不了多久，使喂奶中断。

## 妈妈如何托住乳房

- 手贴在乳房下的胸壁上。

- 食指托住乳房。
- 拇指在上方。
- 妈妈的手指不要离乳头太近。

托乳房时，妈妈的大拇指应在乳房上方，其余四指在乳房的底部（左图）。

如果托乳房时手太靠近乳头，奶就会因为手指头的压迫而出不来（右图）。

## 如何帮助孩子衔接乳头

帮助孩子衔接乳头的方法是：用乳头轻触孩子的嘴唇，当孩子嘴张大时，很快地把孩子移向乳房，让其含住大部分的乳晕，而不是仅含住乳头。下图中，左图的衔接好，而右图的衔接差。

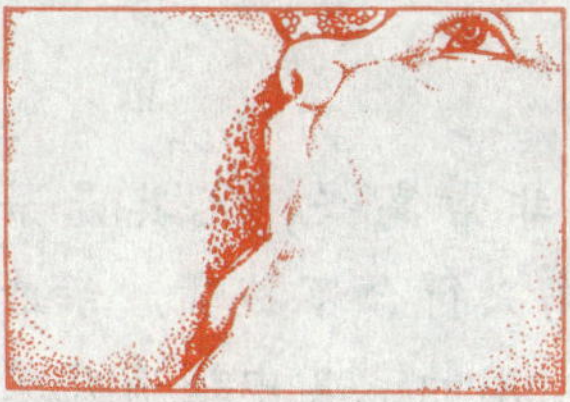

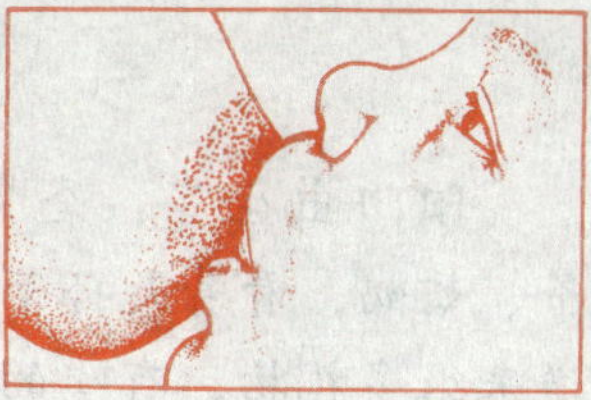

# 促进母乳喂养成功的方法

阳阳出生了，全家非常高兴，尤其是爷爷、奶奶，看着大孙子高兴得合不拢嘴。亲戚送来很多礼物，有吃的、用的，其中还有几袋奶粉。奶奶看儿媳妇的奶水好像不旺，张罗着给孙子吃奶粉，希望小阳阳长得壮壮的。

这天，保健医生来到家里访视，告诉奶奶和家里其他人，母乳是孩子最好的食品，不仅营养丰富、好吸收，而且还不用花钱买，尤其是生后头几天的乳汁，含有丰富的能抵抗疾病的免疫物质，不吃就可惜了。奶奶问："儿媳妇的奶不够咋办?"保健医生仔细观察了阳阳的吃奶过程，发现孩子吃奶很好，吃完后自动松开乳头，还笑。针对奶奶的顾虑，保健医生又做了如下讲解。

## 促进母乳喂养成功的方法

早吸吮、勤吸吮、按需喂养　产后2周是建立母乳喂养的关键期，此时乳晕的传入神经很敏感，易于建立诱导催乳素分泌的条件反射。因此，生后尽早、尽可能多地让孩子吸吮妈妈乳房。即使开始两三天没有多少乳汁外流，也应每天吸吮8～12次，不需要喂其他食物，甚至水。只要孩子出现吸吮动作、头朝向乳房或啼哭等饥饿表现，就应该喂，不分昼夜。

母子间应多进行肌肤接触　经常将新生儿抱在妈妈怀里，与妈妈进行肌肤接触。此后，每次喂奶的同时应与孩子进行肌肤间的接触。母子间的皮肤早接触不仅有利于促进泌乳，而且能增进母子间的感情交流。

采取正确的哺乳姿势　抱好孩子，让孩子的头与身体在一条直线上，用乳头轻逗孩子让其张大嘴，含住大部分的乳晕。阳阳奶吃得很好，说明已经采取了正确的哺乳姿势。但要注意孩子吃另一侧乳房前，应让他吃空这一侧乳房。下次吃奶时应先喂另一侧乳房，利于两侧乳房都能排空和分泌充足的乳汁。

## 怎样判断母乳是否充足

母乳喂养的孩子吃饱时常表现为：吃奶时有节律地吸吮伴有吞咽声，每次吃奶后自动松开乳头，安静睡眠 1 ~ 3 个小时，醒后还能玩耍一会儿。每天大约吃 8 ~ 12 次或更多，有 6 次以上小便，以及 3 ~ 4 次或更多次大便。此外，监测新生儿体重增长情况是判断孩子是否吃饱的最客观的指标。如果孩子出生 7 ~ 10 天后体重恢复到出生时，此后每周至少增加 150 克，满月时增加 500 克以上，表示孩子吃的奶量已能满足生长发育的需要了。

# 怎样给孩子添加母乳以外的食物

“这2个月，孩子怎么都没长大啊？是不是生病了啊？”听到长辈们的问话，盈盈妈的心里可真难受啊！看着盈盈半岁时的照片，圆润、健康的盈盈笑得多开心啊。可是又过了2个多月的时间，孩子也没生病，怎么就不见长大呢？赶巧今天接到王医生的电话，让盈盈妈带孩子去卫生室体检。“也许王大夫能告诉我原因。”想到这里，盈盈妈抱上孩子就上村卫生室去了。

经过王医生仔细的检查，发现这两个月以来，盈盈的体重和身高都增长得很少，而且，通过询问，王医生也了解到，虽然盈盈已经8个多月大了，但直到现在，除了偶尔喝一点点米汤外，盈盈的主要食物就是母乳。王医生这下明白了，原来问题就出在只喂给8个月大的盈盈母乳。

“可是，连电视上都说了母乳是孩子最好的食品啊？”对于王医生的判断，盈盈妈可不服气了。“你说的没错，你一直坚持给盈盈喂母乳做得也很好。但是孩子在逐渐地长大，只是喂母乳是不够的，还要喂一些其他的食品。”

于是，王医生详细地给盈盈妈讲解了应该怎样给逐渐长大的孩子添加母乳以外的食物：

母乳包含孩子需要的所有营养，是孩子最理想的天然食品。在孩子不满 6 个月以前，应该坚持只给孩子喂母乳，并且母乳喂养最好持续到孩子 2 岁甚至 2 岁以后。但是，孩子满 6 个月以后，母乳的营养成分已经不能满足孩子生长发育的需要了，这个时候就应该给孩子添加母乳以外的食物，补充母乳营养成分的不足，同时也让孩子逐渐适应家常食物，这就是我们所说的“辅食”。

## 给孩子添加辅食应该做到如下几点

及时：当频繁喂孩子纯母乳，但是仍不能满足孩子生长发育的需要时，就应该及时添加辅食。一般来说，孩子满 6 个月就应该开始添加辅食，过早和过晚添加辅食都有危害。

足够：辅食应该能够提供充足的营养成分，以满足孩子生长发育的营养需求。下面的几条信息很有用：

❖ 除了继续给予孩子母乳喂养或其他乳制品以外，还应让孩子多吃各种各样的天然食物，如肉、豆、蛋、蔬菜、水果，并且要不断增加食物的量；

❖ 孩子的食物应该少糖、少盐、不加调味品；

❖ 稠到可以粘在勺子上的食物，能给孩子提供更多的能量；

❖ 动物性食物对孩子有特别的好处，可以使他们更强壮；

❖ 豆和花生等食物对孩子很有益，但应该把这些食物碾碎后再喂给孩子，以避免误吸入气管；

❖ 深绿色蔬菜和黄色水果、蔬菜，对孩子眼睛有好处，还能减少感染；

❖ 在正常吃奶和饮食的情况下，保证孩子每天吃 1 个鸡蛋或一些豆腐，就可以满足其蛋白质需要量；

❖ 在孩子喝的稠粥或者汤里加入一点香油或者熟油，能增加能量摄入；

❖ 辅食添加的过程中，应密切注意孩子进食后的反应，如有没有皮疹、腹泻等。每次开始添加一种食物时，都应观察3天，没有异常，才能逐渐增加分量或尝试添加另一种食物。

安全：应该用清洁的容器储存和制备辅食，并且要注意保持双手和容器的清洁。特别需要注意：

❖ 为孩子选择的食物应该新鲜、清洁、营养丰富、易消化；

❖ 尽可能采用适宜的烹调方式，并单独为孩子加工制作膳食；

❖ 餐具严格消毒，确保饮食卫生；

❖ 最好避免使用奶瓶和奶嘴喂食，因为难以消毒。

适当：学会依据孩子食欲和吃饱的反

应，给孩子提供食物时要注意，不同年龄孩子的进餐次数和喂养方法都有所不同。其中特别需要注意：

❖ 一方面，孩子的胃比成人小，一餐不能吃得太多；另一方面，孩子对热能和蛋白质的需要量却很大，因此要少量多餐；

❖ 正确地“吃”也是一个需要学习的过程，规律进食、不挑食、不偏食的良好饮食习惯也需要培养，家长要耐心地给予孩子鼓励和帮助。

## 为不同年龄的孩子提供不同的辅食

应该给满 6 个月的孩子提供泥糊状的食物，比如米糊、稠粥、果泥、菜泥、鸡蛋黄等，每天 2 次，每餐 2 ~3 勺。

应该给 7 ~9 个月的孩子提供稠的泥糊状食物，比如烂面条、馒头片、菜末、鸡蛋、鱼泥、肝泥等，每天3次，每餐逐渐增加到2/3碗。

应该给10~12个月的孩子提供切得很碎的食物，比如软米饭、包子、碎菜、豆腐、肉末、肝、血等，每天3次正餐，1次加餐，每餐3/4碗。

应给1~2岁的孩子提供家常食物（必要时切碎或捣碎），比如馒头、红薯、豆皮、各类水果、肉、蛋等，每天3次正餐，2次加餐，每餐1碗。

听了王医生的详细讲解，盈盈妈这下明白多了，也放心多了。她告诉王医生，回去以后，她一定会在继续喂母乳的前提下，逐渐让盈盈接受更多的家常食物，让盈盈更健康、漂亮！

# 怎样让孩子学会吃母乳以外的食物

话说上次从村卫生室回来后，盈盈妈还真的很认真地按照王医生的建议给盈盈添加辅食了。可是，原本以为简单容易的事情，却把盈盈妈难倒了——不管用什么方法，盈盈吃很少的一些辅食后就不愿意再吃了。每餐辛辛苦苦为盈盈准备的食物最后都变成了妈妈的食物。更糟糕的是，今天盈盈吃了昨天晚上制作的食物，还有些拉肚子了呢。

看来，还得去找王医生帮忙才行！

这王医生也真挺厉害，详细了解了这段时间盈盈的喂养情况后，就又找出了原因：盈盈妈的喂养技巧和饮食卫生习惯都还需要改进。

那么什么是良好的喂养技巧呢？下面就让王医生来告诉我们吧：

## 良好的喂养技巧就是积极的喂养技巧

良好的喂养技巧要求家长做到：

- 提供一个愉快的就餐环境，并尽可能做到规律进餐。
- 对孩子的饥饿和吃饱信号要敏感，绝不强迫孩子吃或者不吃。孩子过饱或者过饿都会吃不好。
- 不在孩子犯困时喂孩子。
- 能耐心地喂孩子食物，并不断地鼓励孩子吃。
- 喂养时，用微笑、眼神的接触以及鼓励的话语来对孩子做出积极的反应。
- 喂养要耐心，情绪要良好。
- 要搭配不同的食物，食物的味道和口感要多样，以鼓励孩子进食。
- 如果孩子进食的时候停下来，应等待一会儿，然后再给食物。
- 给孩子可以用手抓的食物，比如馒头片，让孩子学着自己吃。

大部分的孩子都很容易分心，应尽可能的减少外界干扰，比如避免一边看电视、一边喂食。

饮食是孩子学习和探索人生的重要途径。进食从来都不仅仅是满足生长发育的需要，更是满足精神健康和开发孩子的社交能力的需要。从母乳喂养开始，孩子在喂养过程中不仅仅得到香甜的乳汁，更得到了妈妈温暖的怀抱和充满爱意的关注，建立起了良好的母子依恋关系。到了进食辅食阶段，孩子会从进食活动中得到身体和精神两方面的愉快感，并且更进一步地感受、认知事物和世界，对父母和环境建立更深厚的信任感，这为孩子长大成人后很好地适应社会提供了可能。

## 怎样注意饮食卫生

喂养技巧的问题解决了，可饮食卫生应该怎样注意呢？王医生又告诉盈盈妈：

要想孩子身体好，清洁、安全地制作和喂养辅食能从根本上减少孩子因饮食感染疾病的危险，减少腹泻发生。

清洁和安全喂养要求整个制作和喂养过程中，都保持双手、用具、水和食物的清洁，食物能够得到安全、清洁的贮存。这要求家长做到：

保持清洁

☞ 接触食物前或制备食物时洗净双手；

☞ 如厕、给孩子换尿布、接触动物之后要洗手；

☞ 制备或盛食物的所有器皿的表面要洗得非常干净；

☞ 保护厨房远离昆虫、害虫和其他动物。

食物生熟分开

☞ 生肉、海产品与其他食物分开；

☞ 用专用的刀、菜板等用品处理生食；

☞ 把食物贮存在有盖的容器中，以避免生食和制备好的食物相接触。

彻底烹调

☞ 彻底烹调，特别是猪肉、禽肉、蛋和海产品；

☞ 煮沸带汤的食物或炖煮的食物，烹调肉类直到汤汁变清，而不是粉红色；

☞ 再次加热食物时应该彻底。食物要煮沸，或者热得不能用手接触。加热时要不断搅拌。

安全的温度下保存食物

☞ 烹调好的食物室温下保存不能超过2小时；

☞ 即使是放在冰箱里，食物也不能储存太长时间；

☞ 每次喂给孩子的食物都应该是现做的，并且应该在制备好后的1小时内使用；冰箱保存的乳品应该当天使用。

使用安全的水和原料

☞ 孩子饮用的水都要经过煮沸，同时，烧开的水应当储存在干净、有盖的容器中，并且储存不能超过48小时；

☞ 孩子食用的鲜牛奶或其他动物乳，也需要煮沸以杀死有害细菌；

☞ 用安全的水洗蔬菜和水果，特别是当孩子需要生吃这些食物时；

☞ 不给孩子吃过期食物；

☞ 如果使用奶瓶和奶嘴，应在使用后马上用凉水冲洗，然后用瓶刷和热肥皂水刷洗内壁。每天至少用煮沸或者蒸汽消毒的方法消毒1次。消毒方法有：

煮沸消毒：瓶子、奶嘴要完全浸泡

在水中，至少沸腾10分钟。

※ 蒸汽消毒：把奶瓶、奶嘴等放在蒸锅里蒸15分钟。

另外，王医生还告诉盈盈妈：在孩子生病，比如腹泻时，应该继续母乳喂养，并鼓励孩子继续饮水和进食；病好以后，应该通过增加餐次和餐量的方法，给孩子提供额外食物来帮助他们迅速恢复健康。

在王医生的指导下，盈盈妈很快掌握了正确的喂养技巧，盈盈也越来越喜欢吃和大人们一样的家常食物了。更好的是，虽然盈盈前几个月长得都不太好，可是现在她已经赶上正常小朋友的生长速度了！

# 我的食物我做主
## ——常见辅食的家庭制作方法

“大家好，我是彬彬，我现在已经11个月大了。我今天又受到王医生的表扬了。她表扬我结实、健康，很快就能长成大小伙子了！这呀，都要感谢我的妈妈、爸爸和爷爷、奶奶。自从听了王医生的建议要给我增加母乳以外的其他食物后，从我6个月开始，他们就想着法儿地给我做好吃的。一开始，我一点也不喜欢那些味道怪怪的东西，只喜欢妈妈的奶，可是现在，我很喜欢吃那些食物，而且还学会了自己用手抓着吃呢。那可真有意思啊！”

“听大人们说，那些食物是专门为我们小孩子制作的，我可得意了——原来我们能享受这么特别的待遇啊！要想吃到这么好吃的食物，除了要有新鲜的原料外，制作方法也很关键啊，要不，像我这样的小朋友可不会喜欢的。现在，让我把这些制作方法告诉你，咱们一起来享受大人们给我们的特殊待遇吧。”

## 菜泥——适合刚开始添加泥糊状食物的孩子

将块状蔬菜（如土豆、胡萝卜、红薯、芋头、南瓜等）煮熟去皮碾碎后，加入少许汤水搅拌成糊状即可。白菜、小白菜、油菜等蔬菜叶在开水中煮熟后，抽掉菜的茎丝，捣碎成泥，可加少许油。

## 碎菜——适合添加过泥糊状食物、有咀嚼动作的孩子

将块状蔬菜煮熟去皮，加入少许汤水捣碎即可。蔬菜叶煮熟后不抽茎丝，直接切碎，即为碎菜。

## 蛋黄泥

鸡蛋煮熟后去壳，将蛋黄放碗中碾碎、加奶、水或汤，研磨成泥即可。开始时加1/4蛋黄即可，逐渐增加至整个蛋黄。

## 蒸蛋羹

取生蛋1个，加2倍水混合后打成蛋汁，置于刚冒热气的蒸锅中，微火蒸10分钟。切忌大火猛蒸，使蛋羹变“老”。随年龄的增长，可加入西红柿、菜末、碎豆腐、肉末等食物。

## 营养粥

将1份米加5~8份水放入锅中煮熟，加入碎菜末、肉末、鱼肉末、鸡蛋、豆腐等营养物质，使稀粥更富有营养。

## 鱼泥

选用刺少的鱼。将鱼洗净去内脏，整条蒸熟，取无刺的鱼肉，用匙压成泥状。可将鱼泥加入稠粥、面条喂孩子。

## 肝泥

将肝洗净，用刀横剖开，在剖开面用刀慢慢刮，刮下泥状物，即为肝泥，蒸熟后研开放入粥或面条中即可。

## 肉末

瘦肉洗净用刀剁成糜状，去除剁不碎的筋，放少量淀粉拌匀，在锅中放少许油炒熟。

# 辅食添加常见误区

## 误区一：孩子 4 个月了，应该添加辅食了

世界卫生组织提倡纯母乳喂养到孩子 6 个月，认为：孩子从出生到满 6 个月，依靠纯母乳喂养就能够得到成长所需的一切营养，不需要、也不应该添加任何辅品。

但是，实际上是否应该添加辅食的最准确依据是看孩子是否“准备好了”接受辅食。那么，哪些迹象告诉家长孩子“准备好了”呢？下面就让我来告诉你：

孩子在不想吃东西时，闭上嘴、扭转头，这就是在告诉妈妈“我不要！”如果孩子还没有具备这样的能力，添加辅食不过就是在向一个无法抗拒你的孩子嘴里塞他不需要的

东西。

孩子能够自己坐着，脖子也能够直立。

孩子的舌头推吐反射消失，并具备吞咽能力。

孩子对大人吃饭表现出极大的兴趣，并且能够伸手去抓食物。

## 误区二：孩子什么时候添加辅食都可以，过早、过晚都没关系

国际组织推荐孩子满 6 个月才开始添加辅食，是有一定依据的，因为过早或过晚添加辅食对孩子的健康都是有害的。

### 过早添加辅食的危害

母乳是孩子天然的最好食物，含有最适合孩子吸收的蛋白质、维生素、矿物质、免疫因子等，能够满足其生长发育的特别需求。而辅食的营养不如母乳完备，添加了辅食，会造成孩子对母乳摄取的减少，从而破坏营养的平衡。

考虑到母乳是液体，家长给孩子最早添加的辅食往往是汤或者粥，但是由于这些食物所含能量低、营养素单一，很容易导致营养不良。

母乳中含有免疫因子，在孩子自身免疫功能尚未完全建立前，这些因子能保护孩子免受外界致病因素影响；过早添加辅食容易使孩子因为缺乏母乳中的保护因子而增加患病危险。

因为小孩子不能很好地消化吸收非人体蛋白，过早添加辅食容易引发哮喘和其他过敏性疾病。

制作辅食就意味着增加了很多接触外界感染因素的机会，辅食不如母乳清洁，增加了孩子患腹泻的危险。

对于妈妈来说，添加辅食后引起的母乳喂养次数少也会增加她再次怀孕的危险。

## 过晚添加辅食的危害

随着孩子一天天长大，胃口大了，需要的营养也越来越多，而母乳的量和营养已经逐渐无法满足孩子生长发育的需要了，不能及时添加辅食就会让孩子没法得到所需要的额外食物来满足生长需要，甚至引起生长发育速度减慢。时间长了，就会导致营养不良，或发生营养素缺乏引起的疾病，如贫血、佝偻病等。

让孩子接受辅食，也是让孩子学习接受另一种进食方式的关键。添加辅食后，孩子才能有更多的机会使用勺子、杯子、碗等餐具，甚至才能更多地使用手。这些对于孩子手部的精细动作、手眼协调的发育都是非常重要的。

添加辅食后才能让孩子有更多的机会接触其他非液体食物，并逐步适应家常食物，对于训练孩子的咀嚼和吞咽功能也是非常重要的。

## 误区三：添加辅食后，就应该给孩子断奶

有些宣传手册上把辅食称为“离乳食品”，并建议妈妈用辅食替代母乳，这是不正确的信息。辅食之所以称为“辅食”，正是因为它们仅仅是母乳的补充食品。

孩子在1岁之前，母乳仍是其主要的食物和营养来源。这是因为，孩子对母乳中的营养

成分能基本上完全吸收，但对辅食中的很多营养却吸收不全或者无法吸收。同时，每一位妈妈的乳汁都是为她的孩子特别设计的，会随着孩子的成长而变化，以满足孩子不同时期的不同需要。比如说，当孩子的身体受到病菌或病毒侵袭时，通过吸吮乳汁将这个“新敌人”传送到妈妈身体里，妈妈的身体会立刻根据“敌情”制造免疫球蛋白，再通过乳汁传送给孩子，在孩子体内建立屏障，保护孩子不受感染。

因此，在添加辅食的同时，应该保持每天的母乳摄取量，而不是减少，更不是取消。

## 误区四：孩子不爱吃饭的时候，也要想方设法把食物喂给孩子

添加辅食的过程是孩子掌握“吃”的技能的过程，其中一项重要原则就是要尊重孩子，让孩子做主。当孩子闭嘴、扭头表示拒绝时，家长应该理解并接受孩子的意愿，千万不要勉强孩子进食。很小的孩子已经有很强的自我意识了。精神压力往往会给孩子造成心理阴影，甚至导致失去自信，无法达到本身应有的能力水平。

饥饿感是与生俱来的本能之一，“吃饱了”是孩子本能的反应。进食是孩子的首要任务，什么时候吃、吃多少，都应该由孩子说了算。家长们完全有理由相信：一个心智正常的孩子是不会饿着自己的。

可惜的是，有些父母不明白这个道理，总是把吃饭的任务包揽到自己身上，把吃饭这件本来应该充满愉悦气氛的活动，变得紧张万分，一定逼着孩子吃到自己认为满意的份量才罢休。对于孩子来说，如果不能够从吃饭这个活动中享受到快乐，而是感受到精神压力，他会很快厌烦，甚至逐渐丧失饥饿感。

## 您知道如何科学喂养孩子吗

在农村，经常可以看见一个大院坝上，有 4~5 个小孩子在吃饭，有的乖乖地坐在妈妈对面，由妈妈一口一口地喂；有的由奶奶端着碗满院子追着喂；还有的是自己捧着一个成人的大碗，手里拿个大勺子自己吃的，能吃多少算多少，一顿饭可以吃上几个钟头。有时候，家长也会把孩子带上一起下地干活，吃饭时为了赶时间，就在地头胡乱给孩子喂两口，就又去干活了。家长认为在农村祖祖辈辈都是这样把孩子养大的，所以他们也这样养自己的孩子。但是您知道吗，孩子家长不良的喂养习惯，将使孩子形成厌食、偏食、挑食、爱吃零食、不吃早餐等不良的饮食行为，长此以往可导致孩子出现营养问题，包括生长发育迟缓、身材矮小、各种营养缺乏症、营养过剩和肥胖等。目前中国农村孩子的主要问题是营养不良和生长发育迟缓，农村孩子的各项体格生长发育指标如身高和体重都不如城市孩子。因此农村孩子更加需要科学地喂养。

科学喂养孩子的学问可大着呢。首先让我们来认识一下自己的喂养行为：

放任型喂养：家长完全依赖孩子的个性和食欲进行喂养，放任孩子的进餐行为，让孩子随自己的意愿进食，这就是放任型喂养。在孩子自我进食能力较差和缺乏食欲的情况下，这种喂养行为会导致孩子的营养不良。我们前面提到的最后一位小孩的家长就属于这种放任型喂养。

强迫型喂养：家长通过自身示范或采取威胁、提供很多食物等多种措施，帮助、促进孩子多进食。家长完全决定孩子进食的时间与食物的种类、数量，忽视孩子对食物和能量摄入的自我调节能力。这种以家长为中心的喂养行为较为多见。

适宜型喂养：家长合理地调节喂养，有适度的喂养频率，在孩子进食时能监护孩子，并尽量不用玩具、电视来分散孩子的注意力等。家长较多地留意孩子“饥饿”和“过饱”的信号，鼓励和赞扬孩子进食。

放任型喂养和强迫型喂养都是不适宜的喂养行为，您应该努力学习适宜型喂养。家长良好的喂养行为对孩子的身心健康，甚至孩子成人后的健康都有至关重要的影响。为让您更好的喂养孩子，我们在这里给您几个小提示：

关注婴幼儿的喂养：出生后及时开奶（孩子出生后半小时至1小时内就可以直接喂母乳），按需要哺乳，只要孩子想吃奶就喂，4~6个月时根据孩子的接受情况及时渐进地给孩子添加换乳食品（多是泥糊状食物）。12~18个月断奶，改为以吃菜为主的饮食，选择质量好的婴幼儿配方奶粉，禁止滥用营养保健品。

端着饭碗，拿着饭勺追着孩子喂，这种强迫孩子进食的喂养行为破坏了喂养气氛，不利于培养孩子独立进食的良好习惯，也不能均衡营养，是造成婴幼儿营养不良和肥胖症的主要原因。

不可过度喂养：过度喂养往往是家长采用强迫喂养造成的。家长强迫孩子多吃，即使孩子吃饱后不想吃时，家长仍填鸭似地强迫孩子吃，这会导致孩子胃容量增大，饮食量增加，营养过剩，还可能造成厌食症。

不可将食物作为奖励或惩罚：例如对孩子说：“你要是听话，我就给你买果丹皮。”

适宜型喂养要求家长：

通过观察，弄清孩子的需求与食量。根据孩子饥饿和满足的信号（动作和语言表达），提供或停止喂食。

家长负责喂什么、什么时候喂、在哪里喂，孩子负责吃多少、是否吃。

孩子吃饭要定时，坐在固定位置上吃，有自己专用的餐具（碗、勺子和筷子）。

要营造安静、愉快的进餐环境。进餐时，家长应收起分散孩子注意力的玩具，关闭电视，这可增强孩子对食物的味觉敏感性和对饥饱的感知力。同时，无论孩子犯了什么错误，暂时不要在饭桌上训斥，这有利于孩子的消化吸收。相反，在婴幼儿时期常常处于紧张压抑的进食气氛中，对孩子成年后的心理和社会行为都有非常消极的影响。

要充分利用身边的自然食物，选取新鲜的蔬菜、水果和鸡蛋、各种肉类给孩子做专门食物。要保证清洁卫生和合理搭配。

孩子 1 岁以前应单独吃饭，1 岁以后

可以和家里人一起吃饭，家长应鼓励孩子自己学着吃饭，并注意和孩子的交流。例如给孩子讲饭桌上各种食物的特点和对身体的好处，这可以帮助孩子认识事物和学习语言。

# 喂养不当生“虫牙”

王奶奶很后悔，说不让孙子含着奶瓶睡觉就好了。怎么回事呢?

原来，王奶奶的孙子2岁半，父母都出去打工了，王奶奶一人带孩子。村里人都说王奶奶太娇惯孙子，孙子爱吃糖，王奶奶就买各种糖果给他。孙子爱临睡前喝奶，王奶奶就让他喝，还在奶里放了好多糖。孙子喝着、喝着就含着奶瓶睡着了。每当王奶奶看着孙子含着奶瓶香甜地入睡，心里都觉得甜甜的。王奶奶觉得这是个不错的催眠方法，孙子的父母不在身边，就得对孙子好些，再好些。这半年来，孩子孙子难带了些，总是哭闹、不吃东西，刚长出没多久的牙变黑，一小块一小块地脱落。王奶奶怕孙子得了什么怪病。这不，村里今天来了下乡的专家，王奶奶赶忙抱孩子来请专家好好看看。专家经过仔细检查，又问王奶奶是怎么喂养孩子的，最后说孩子得了比较严重的龋齿，就是俗称的“虫牙”。引起的原因正是孩子用奶瓶时间太长又经常含着奶瓶睡觉。

## 奶瓶可以喂到多大

奶瓶喂养最长可到1岁半。在孩子10个月的时候就可以开始锻炼孩子使用杯子。如果用奶瓶喂养的时间延长，有人甚至延长到3岁，往往会导致严重的婴幼儿早期龋齿。

## 不要让孩子含着奶瓶睡觉

含着奶瓶入睡容易形成龋齿。奶瓶内的液体会成为口腔内致龋细菌的极佳培养基，奶瓶液体中的碳水化合物会被细菌分解产酸，侵袭牙齿，使牙齿脱矿溶解，形成龋齿。

## 孩子要做哪些口腔保健

在孩子出生后的第一年，为孩子做一些基本的口腔保健措施是非常重要的。清除牙菌斑应从第一颗乳牙萌出开始。方法是父母手指缠上湿润的纱布轻轻按摩孩子的牙齿和牙龈组织。这一过程应每日一次。如果父母感觉使用牙刷安全，选择一个软毛且尺寸适宜的牙刷经湿润后使用也可以。但不提倡使用牙膏。

在孩子 1～3 岁时，提倡刷牙来去除牙菌斑。

在孩子 3 岁以后，可以开始使用牙膏了。牙膏不要用太多，每次刷牙只要小豌豆大小的牙膏就足够了。

需注意的是，单靠孩子自己是不能清除牙菌斑的，主要还是靠父母帮助。

# 拒绝垃圾食品 提倡健康饮食

小明，是一个胖乎乎的5岁男孩，村里人都叫他小胖墩。小明家是肉鸡养殖大户，算是村里数一数二的富裕人家。小明兜里总是装着薯片、虾条、糖果、巧克力等各种各样的小食品。那些花花绿绿的小食品包装，诱人的香味，常常引起小伙伴们啧啧的感慨声和羡慕的眼光。小明经常去县城舅舅家玩。他最喜欢吃肯德基的炸鸡腿和汉堡包。最近有件事让小明的爸妈很闹心。舅舅带小明在县医院做身体检查，医生说小明体重超重，有早期肥胖症的倾向，还建议家长限制小明吃汉堡包、炸鸡腿、虾条和薯片等高热量的食物，说这些都是“垃圾食品”。

“垃圾食品”，这个词最近经常出现在人们的生活中。尤其在城市，随着肥胖人群的增加，人们逐渐认识了“垃圾食品”及其危害。在农村地区，尤其是城乡结合部，近些年经济有所提高，生活条件得到了改善，同时深受城市生活方式的影响，常常出现“卖了鸡蛋买方便面或可乐，卖了水果蔬菜买山楂糕、果丹皮和果脯”的现象。大家认为这样时尚，感觉和城里人一样了。实际上，这是一个认识误区。虽然目前在农村，和小明一样的小胖墩并不多见，但为防止小胖墩在农村出现和增多，农村孩子家长也需要充分关注“垃圾食品”。

## 什么是“垃圾食品”

营养专家认为“垃圾食品”是指仅能提供热量，无其他营养成分的食品，或者超过人体需要的食品，也就是通常所说的高热量、高盐、高脂肪、高糖食物。膨化小食品、糖果、大多数甜点、油炸的快餐食品，以及可乐、汽水等碳酸饮料都是主要的垃圾食品。一般说来，这些食品只能给人提供很少的蛋白质、维生素和矿物质，是“有害健康的食品”。一个人每天摄入过量的油脂、糖、盐对身体危害极大，这些提供了过剩热量的食物对人体来说就是“垃圾”。

## “垃圾食品”对孩子健康的影响

孩子大量食用“垃圾食品”可以引起肥胖，导致高血压、糖尿病等“富贵病”，诱发癌症，造成营养不良，降低免疫力，甚至会影响智力和性功能。

高脂饮食可造成孩子肥胖。肥胖影响身体激素代谢，尤其是影响用于糖代谢的胰岛素。如果胰岛素分泌过少会抑制蛋白质合成，这将影响孩子的正常生长发育，是影响孩子身高的重要因素。

汉堡包、炸薯条、奶酪、膨化小食品等孩子喜欢吃的油腻“垃圾食品”，脂肪含量高、盐含量高，吃多了会增加体重，还会导致高血压等慢性疾病。

过量食用这些食物还会影响孩子的智力发育。肥胖孩子体内脂肪过多，会对神经细胞产生影响，损害孩子正在发育的神经细胞，对孩子的智力发育造成伤害。

大多数油炸或加工食品中含有很多香料、色素、调味剂、膨化剂等人工添加剂，这些化学制剂使食物在颜色、味道、外观上对孩子产生巨大的诱惑。但这些人工添加剂，尤其是人工合成色素，在经化学方法提取合成过程中，有的还可能混入砷、汞、苯胺等物质。这些物质有程度不同的毒性。有些添加剂含激素，极易导致孩子性早熟。儿科门诊的许多孩子哮喘、过敏症病例也和这些食品有关。

## 另一种“垃圾食品”

在农村，还有另外一种“垃圾食品”值得孩子家长们关注。

村头、学校门口的一些小商店，在货架上摆满了虾片、炸薯条、羊肉串、炸鸡块等油炸类的小吃食品和碳酸饮料、麻辣豆干、方便面等五花八门的食品。这些食品，许多是无厂家、无地址、无生产日期的“三无”产品，包装简陋，口感差，食品卫生没有保证。许多食品已过期。在城里找不到销路，被不法商贩低价销到了农村。由于缺乏营养知识和食品安全意识，很少有农村孩子家长关心孩子吃了什么食品，是否是“垃圾食品”。孩子经常吃这些食品，极易引起营养不良、急慢性胃肠炎、病毒性肝炎等疾病，给农村孩子的健康造成极大的影响。

## 应该如何对待“垃圾食品”

只要是新鲜的，经过健康方式加工的蔬菜、水果、肉类、主食等，都是健康食品。您应该充分利用自己家中生产的或当地食物资源，如牛羊奶、禽、蛋、鱼、水果、蔬菜，喂养自己的孩子。来源于自然食物的农村传统饮食就是健康饮食。

膨化小食品、糖果、炸鸡腿、薯片等油炸快餐食品，以及可乐、汽水等碳酸饮料对农村孩子，尤其是偏远农村的孩子来说仍然是奢侈品。“再苦也不能苦孩子”，在经济条件允许的情况下，您可以给孩子适当买此类食品。尤其对于身高和体重发展落后于同龄孩子的孩子，可以在两顿正餐之间让孩子吃一些零食，补充体内营养成分，但要控制数量，要选择高营养、糖分合适的食品。

坚决不购买“三无”小食品给孩子吃。

不能再吃啦！

# 孩子体格发育和营养状况家庭快速自评法

“哟，赵主任，这么大清早的就忙乎上了?”

“可不吗，刘婶，都说今年是个好年头，今年出生的孩子特别有福气。今年咱村里的孕妇也特别多。现在都只生 1 个孩子了，谁家不都把生孩子、养孩子的事看得特别重？我这个村妇联主任啊，今天可是专门请了县里的张医生给大家讲讲课，给年轻父母们增加点育儿知识。”

张医生准时到了黄庄村委，很多的孕妇和家属都在等她了。看到大家这么积极，张医生也受到了鼓励，精神抖擞地开始了讲课：

今天我想给大家讲讲怎么样在家里，用简单的方法判断孩子的健康情况。

由于孩子的体重是体现营养状况最敏感、简单和易得的健康指标，我们常常根据孩子体重判断其营养状况。今天的课也主要围绕体重、身高进行。

正常足月生的孩子，不管是男孩子还是女孩子，体重大概是3.2千克（1千克相当于2斤），身高大概是50厘米。如果孩子出生体重小于2.5千克，家长们就要特别注意：这样的孩子需要特别的营养和护理。

一般来说，孩子的体重在出生后最初3个月内增长最快，大约每个月1千克；以后逐渐减慢，在4～6个月，每月增长约600克（50克相当于1两）；7～9个月，每月增长约300克；10～12个月，每月增长约200克。身高增长速度在出生后半年内最快，头3个月平均每月增长3.5厘米，4～6个月，每月平均增2厘米；7～12个月，每月平均增长1～1.5厘米。一岁以后，孩子的体重和身高增长都会减慢。

当然，我们也可以根据下面的这两个小公式来估算相应年龄正常孩子应达到的体重和身高：

体重：

出生后1~6个月的体重（克）=出生时体重（克）+月龄×700；

出生后7~12个月的体重（克）=6000+月龄×250；

1岁以后的体重（千克）=（年龄×2）+8。

身高：

出生时身高约为50厘米，1岁时约为出生时的1.5倍，即75厘米；

1岁以后的身高（厘米）=（年龄×5）+80。

根据这些简单的方法，大家就能在家里快速地初步判断孩子是不是长得好了？一旦您发现孩子没有以前长得好的时候，就一定要去请医生帮你找原因和解决办法。这样，小朋友才能健健康康地成长！

## 营养不良早知道

这个周末，壮壮爸心里甭提有多别扭了。原来啊，短短半年时间，本来健健康康的壮壮就变成“瘦瘦”了？想当初，壮壮刚出生时，可是个7斤8两的大胖小子啊。6个月以前一直吃妈妈奶，也长得很好，前两次健康检查，王医生都说营养水平良好，怎么这大半年就变了？——都怨自己和壮壮妈工作太忙，没办法经常照顾家，孩子这半年来就病了2次，一次咳嗽、一次拉肚子。加上这半年主要都是爷爷奶奶带着壮壮，除了生病去医院治疗，也不懂得去问问保健医生，结果……唉！

于是，壮壮一家来到了村卫生室。王医生对壮壮半年以来的饮食、睡眠和患病等主要情况进行了详细的询问并做了记录，然后给壮壮称体重、量身高和头围，还仔细地进行了身体检查。接着，王医生拿出一张写着壮壮名字的记录表，在记录表里的一张彩色图上又是画点、又是连线。连线结束后，王医生一边把那张图拿给壮壮的爸爸妈妈看，一边语重心长地说：“壮壮现在已经是轻度营养不良了，不能再大意了。”

“什么？营养不良?!”壮壮的爸妈可着急了。他们去城里上班，通过电视、广播等，都知道营养不良是一种危害比较大的疾病，一旦孩子发生营养不良，就可能出现免疫力低下，容易患上多种疾病。难怪壮壮这半年来连连生病。

“王医生，这可怎么办啊?”壮壮爸妈忙问。

“你们先别着急，让我们一起来找找解决办法。”耐心的王医生这就开始给壮壮的爸爸、妈妈和爷爷、奶奶“上课”了：

营养不良是孩子最常见的一种营养性疾病，是由于营养摄入不足，或食物不能充分吸收利用，导致孩子体重不增甚至减轻、生长发育停滞、脂肪逐渐消失、肌肉萎缩；还可造成全身各系统功能紊乱、免疫力低下，给肺炎、腹泻等疾病创造发病条件。

## 常见的孩子营养不良的原因

长期喂养不当，热量不足：出生无母

乳或母乳不足，未能合理选择主食，而以米汤、米糊等低蛋白、低热量食物作为主食；或添加辅食不及时。

骤然断奶：不是有计划、有步骤地为孩子断奶，而是突然断奶，从流食直接到固体食物；或由原来的一日 6 餐减到一日 3 餐，使孩子肠胃不能适应。

肠胃疾病：如长期腹泻，先天性消化系统畸形，过敏性结肠炎，频繁呕吐等，影响食物的消化与吸收。

慢性消耗性疾病：如肝炎、肾炎、肺结核、肺脓肿、百日咳、败血症等，因长期发热、食欲不振、消耗增加，而致营养不良。

体弱儿：低体重儿、双胎、多胎，或因难产及窒息等意外引起的体弱儿容易得营养不良。

呼吸道感染或腹泻、孩子湿疹：由于这些因素而忌食高蛋白的食品，比如长期不吃鸡蛋、鱼、肉而只吃素食，使蛋白质摄入不足；或因湿疹而断奶，改用米糊之类食物喂养。

通过刚才的询问，王医师也了解到：壮壮满 6 个月时，妈妈离开他去城里上班了，也没有办法继续母乳喂养了；爷爷、奶奶也并没有能够及时喂他其他代乳品，比如合格的孩子奶粉；也因为怕油腻，就只是喂些汤、稀粥等不加油的食物，蛋、肉、禽等动物类食品和豆类食品、绿色和黄色的蔬菜、水果喂得也很少。这样就导致长期以来，给壮壮的饮食相当单调，热量明显不足，营养素也不足。时间一长，壮壮的营养状况恶化，也就容易患上咳嗽、肺炎等感染性疾病。

壮壮两次生病以后，为了避免孩子消化不良，爷爷、奶奶还特意把壮壮的食物做得很清淡，这样更加导致了孩子在生病以后不能获得足够的食物补充他生病时的消耗和帮助身体恢复。实际上，在孩子生病的时候，除了应该继续母乳喂养，还应该鼓励孩子继续饮水和进食；病好以后，通过增加餐次和每餐食物的量，给孩子提供额外食物来帮助他们迅速恢复健康。

另外，家长应该按照医生的嘱咐定期进行健康检查：一般来说，1 岁以内至少检查 4 次，大概每 3 个月 1 次；2 ~ 3 岁，每年至少 2 次，也就是半年 1 次；以后每年至少检查 1 次。这样的话，就算孩子生长发育出现了不正常的苗头，医生们也能及早发现、及早指导，不会耽误病情。壮壮要是能早一些来接受健康体检，就不会发展到现在这样子了。

现在壮壮的爸爸、妈妈和爷爷、奶奶认识到要让孩子健康成长需要运用科学的方法；同时也更加认识到了定期保健的重要性，决定以后都按照医生嘱咐的定期接受体检。他们在王医师的指导下，调整了喂养方式，让壮壮尽可能多地接受各种食物，特别让壮壮多吃代乳品（如配方奶粉、清洁的动物奶等）、动物性食物、绿色和黄色的蔬菜水果等。壮壮慢慢地恢复了健康。

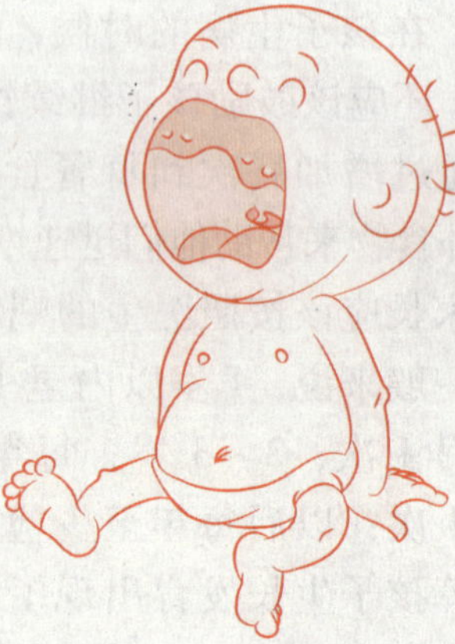

# 贫血，我不要

以前大家都叫我“壮壮”，可是现在大家都叫我“瘦瘦”了。爸爸、妈妈、爷爷、奶奶要带着我去乡卫生院，说要检查我是不是得了贫血、微量元素缺乏等疾病。我可真不愿意去医院啊，说不定要打针呢，那可很疼啊。可是为了我以后的健康成长，我今天一定会很勇敢的。

乡卫生院的张医生真耐心啊，他不但看了我的健康记录，问了我爸妈很多问题，还给我做体检，还特别看了我的小手掌呢。随后，我就被爸爸抱去一个小窗口扎了一针，我可勇敢了，一点儿也没哭。过了一会儿，爸爸又抱着我去找张医生了，医生说我得了“轻度贫血”。爸爸的眉毛又拧在一起了——看来，今天我的麻烦大了。

我听到张医生说：他通过检查我的小手，发现有指甲苍白，觉得我很可能患上贫血了，检验结果也证实了这一点。他还说：在我国孩子中，引起贫血的最主要原因是缺铁，其中喂养问题是导致缺铁的最常见原因。此外，养育资料也说明了我的贫血和营养因素有关。

可是，究竟什么是缺铁性贫血呢？有什么危害吗？应该怎样去预防和处理缺铁性贫血呢？这一连串的复杂问题真把我搞晕了。还好，耐心的张医生都做了详尽的解释：

## 什么是缺铁性贫血

缺铁性贫血是指体内可用来制造血红蛋白的贮存铁已被用尽，导致红细胞生成障碍，引发贫血。这是孩子贫血的最常见原因。发生原因主要有以下几方面：

铁的需要量增加而摄入量不足：这是引起婴幼儿缺铁性贫血的最常见原因。在生长快速的婴幼儿和孩子中，铁的需要量多，如果饮食中缺少则易致缺铁性贫血。无论人乳、牛乳或羊乳，铁的含量均很低；谷类食物（如米、面、乳儿糕等）含铁量也很低，而且谷类食物中的有些成分还会使铁不易被吸收。故8

个月以上的孩子如果仍以乳类或谷类食物为主，常发生缺铁性贫血。

铁的吸收不良：因铁的吸收障碍而发生缺铁性贫血者比较少见。各种不同原因引起的长期严重腹泻可以影响铁的吸收，引起缺铁性贫血。

失血：失血，尤其是慢性失血，如溃疡病、钩虫病、痔出血等引起消化道出血的疾病。

铁是人体内必不可少的一种微量金属元素，它除了主要供造血系统生成红细胞外，还参与机体新陈代谢。孩子一旦患上缺铁性贫血，往往表现为食欲差，易疲乏，皮肤及甲床苍白，重度贫血病儿可出现小肠消化吸收功能降低、细胞代谢紊乱，最终导致生长发育迟缓，孩子还可出现肝、脾及淋巴结肿大，还可因机体组织缺氧使心跳加快、呼吸加速，严重时可有心脏扩大，甚至出现心力衰竭。此外，现代医学研究证明，缺铁性贫血影响脑功能，可能出现行为异常，如婴幼儿易怒，情绪紧张，对周围环境缺乏兴趣。

可见，缺铁性贫血是严重危害孩子健康的常见病，必须尽早防治：

## 如何防治孩子缺铁性贫血

从妇女孕期就应该开始预防孩子缺铁性贫血：母体是孕育孩子的“土壤”，所以，孕妇应多吃些含铁丰富的食品，并定期检测血红蛋白，及时补充铁剂，以保证胎儿的需要。

坚持纯母乳喂养到6个月，并持续母乳喂养到孩子2岁，因为母乳中的铁虽然含量少，但极易被孩子吸收。

孩子满6个月时，要及时添加富含铁的辅食（如强化铁的米粉、蛋黄等），并逐渐让孩子多摄入瘦肉、动物血、蛋黄、黄豆及其制品、黑木耳、芝麻酱等富含铁的食物。

培养孩子良好的饮食习惯，不偏食、不挑食。

每半年为孩子检测1次血红蛋白，一旦发现存在缺铁性贫血，就要尽快查明原因，去除病因，并及时治疗，如增加膳食“含铁量”，并给予适当的铁剂治疗。

维生素C和肉类等能增加铁的吸收，孩子在添加辅食后应广泛摄入动物性食物、新鲜的蔬菜和水果。

茶、咖啡、可乐等饮料会抑制铁的吸收，不应该给孩子饮用。

2 岁以上的孩子还要考虑有患寄生虫病的可能，必要时要在医生指导下进行驱虫治疗。

我的爸爸、妈妈和爷爷、奶奶现在都放心了，同时也下决心要严格按照医生的指导对我的贫血进行治疗。这样，我们一家带着张医生开的铁剂药物和张医生详尽的指导回家了。

我盼着 15 天以后再回医院复查时，贫血就已远离我啦！

# 家有“夜哭郎”

“天皇皇，地皇皇，我家有个夜哭郎，路过君子念三遍，儿郎睡到大天亮。”小时候听过邻居孙婆婆因为她家小外孙的缘故，念过好多次这首民谣，没想到现在轮到我念这首民谣了。眼看着彤彤一天天长大，越来越聪明、灵巧，我们一家人都很开心。可谁知道这几天晚上，她天天晚上都睡不好，半夜还会突然地哭闹起来，吵得邻居们都有意见了。月子里最难的日子都很顺利地度过了，怎么到了差不多5个月大反而开始折腾人了?!而且这段时间，她的小脑袋后面的头发不知道什么原因都掉了，露出了白白的头皮。是不是生病了？于是我决定去找张医生，看看是什么原因，有没有解决办法。

到了乡卫生院，我发现来找张医生的家长还真不少。更巧的是，还有3个孩子有和彤彤一样的情况。看来这不是特殊现象。

张医生了解了彤彤的情况，检查了她的身体，然后告诉我，彤彤现在晚上哭闹，还有枕秃——就是她脑袋后面掉头发；而且彤彤4个月大就开始吃米糊，到现在也从来没有吃过鱼肝油，这些都提示彤彤现在缺钙，如果再不补充营养就有可能发展成佝偻病了，危害就可就大了。

## 什么是佝偻病

我们常说的佝偻病，主要是指维生素D缺乏性佝偻病，是一种孩子常见病。是因体内维生素D不足引起全身性钙、磷代谢失常，以致骨骼不能正常生长，最终发生骨骼畸形的疾病。佝偻病虽然很少直接危及生命，但发生明显症状时，机体的抵抗力低下，易并发肺炎、腹泻、贫血等其他疾病。

引起佝偻病的原因主要有：

- 维生素D摄入不足或缺少日照。
- 先天维生素D储备不足：主要是由于妈妈孕期摄入含维生素D食品很少，妈妈孕期日光照射少等原因，导致维生素D缺乏，从而引起胎儿维生素 D 储备不足。早产儿容易发生佝偻病。

钙摄入量不足：天然食品中，乳类的含钙量最丰富，其中母乳中的钙吸收利用率最高。因此，非母乳喂养的孩子，如果食入的乳类很少，就可能出现钙摄入量不足。

其他：孩子生长过速，胃肠道疾病，肝、肾疾病，药物作用等。

## 如何发现孩子是否患有佝偻病

佝偻病发病缓慢，特征不明显，易被忽视。家长们应留心孩子的表现，以便及早发现和治疗，避免孩子骨骼发育出现异常。

维生素 D 缺乏的开始期，孩子可能没有任何特殊症状出现。随着疾病的发展，孩子会出现多汗（特别是在吃奶和哭闹时）、汗味异臭，易激惹，夜惊、夜啼等佝偻病的非特异症状，同时可能出现颅骨软化、囟门增大、轻度方颅、肋骨串珠等体征。接着，孩子会出现典型的肋骨串珠、软沟、囟门闭合时间晚、出牙晚，甚至出现胸部骨骼变形。严重的会发展成为典型的胸骨变形（常称为“鸡胸”、“漏斗胸”）、脊柱畸形、“O 型腿”或“X 型腿”等。一旦形成了严重的骨骼畸形，要想恢复正常，只能通过手术治疗。因此，对于佝偻病的防治，一定要特别重视早期预防，尽可能避免出现严重症状。

## 如何预防佝偻病

佝偻病的重点预防对象是 2 岁以内孩子，尤其是 0 ~ 6 个月的孩子。其中要特别关注早产儿、多胎儿、低出生体重儿和体弱多病者。主要预防措施有：

适当接受日照是预防佝偻病最有效、方便、经济的方法：建议每天户外日照 1 ~ 2 小时，以散射光为好，尽量裸露皮肤，并且没有玻璃阻挡。

坚持纯母乳喂养到 6 个月，并持续喂母乳到 2 岁，甚至 2 岁以后。

指导孩子进食含钙丰富的食品：如乳类、豆制品、海产品等。

预防性地补充维生素 D 制剂：低出生

体重孩子在生后1~2周开始，正常孩子自出生2周开始，每天口服维生素D制剂400~800国际单位。早产儿要增加到每天600~800国际单位。孕妇和哺乳期妇女也应该每天口服维生素D制剂400~800国际单位，特别是在冬季。

纯母乳喂养、早产儿、巨大儿、户外活动少，以及生长过快的孩子在应用维生素D制剂同时服用钙剂，用量为0~6个月50~100毫克/日，7个月~3岁100~150毫克/日，3岁以上150~200毫克/日。

此外，当孩子被医院诊断为活动性佝偻病时，在治疗期间还应该限制其坐、立、走等，以免加重脊柱弯曲、“O”或“X”腿型畸形。

听了张医生的解释，我终于放心了：彤彤目前还算健康；但是，如果还不及早处理，发展到骨骼变形的话，我家的“小公主”就不美了。从今天起，我就开始按照张医生的建议，喂彤彤维生素D，还要多带她去晒太阳。同时也盼着我家的这个“夜哭郎”晚上不再闹腾了！

# 莫让您的孩子变成小胖墩

4岁以前的东仔一直在村里和爷爷、奶奶生活，后来被爸爸、妈妈接到了县城。妈妈嫌东仔瘦，只要是东仔爱吃的食物，妈妈都做给他吃。东仔最喜欢薯片、虾条、巧克力和可乐，妈妈从来都不会拒绝他对这些高热量食物的要求。每个星期，爸爸、妈妈还会带东仔去麦当劳吃炸鸡腿和汉堡包。东仔还喜欢每天抱着一包薯片坐在沙发上看卡通片。离那种和着春风，在田间玩耍的日子远了，东仔也越长越胖了，最近一次学校体能测验也不及格。暑假，爸爸、妈妈把东仔送回村里，希望东仔能够瘦点。

虽然目前在中国农村，孩子肥胖和超重并不是主要问题，东仔这样的孩子也许是一个特殊的例子。但是，随着农村经济的发展和生活水平的提高，农村孩子比城市孩子更容易出现肥胖的问题。因此农村孩子家长应该提前关注孩子超重和肥胖问题。

## 孩子肥胖

孩子肥胖可分为单纯性肥胖和肥胖症。临床上所说的肥胖症和遗传有关，而孩子超重和单纯性肥胖是由于食物能量摄入和消耗之间的不平衡，即“营养过剩”所致，可通过改变不良的生活习惯予以纠正。

## 影响孩子发生肥胖的危险因素

遗传因素：这是目前不可控制和改变的因素。父母肥胖，其子女患肥胖症的危险性也大。

环境因素：不良生活方式助长肥胖。例如长期不吃早餐，吃饭速度过快，经常吃过多的糖果、薯片和炸鸡腿等油炸食物，以及喝可乐等含糖量高的碳酸饮料。边看电视，边吃零食。长时间看电视或玩电子游戏，户外活动和锻炼过少等。

社会文化因素

☞ 中国的传统文化认为又白又胖的小孩

健康、可爱。体重和腰围的增加一直被看作是健康和财富的象征，直至目前，这个观点仍然在一些农村地区流行。

☞ 农村孩子家长普遍缺乏孩子食物营养的知识。一旦在经济条件改善，家长就只会让孩子吃好、吃饱，而不去考虑什么食物有益健康，什么食物对健康有害。

## 孩子肥胖和超重对身体健康的影响

孩子的超重与肥胖不仅直接影响其身心健康，而且，孩子时期的肥胖延续到成年以后，可能会造成更大的健康危害和经济损失。它是关系人一生生命质量的问题。

影响孩子生长发育：肥胖孩子身高发育较体重正常孩子提前，但“最终身高”却可能低于体重正常孩子。

超重和肥胖将增加身体负担，使孩子活动不方便，体能下降。

超重和肥胖导致呼吸困难，增加心脏负担，大脑细胞可能出现不同程度的缺氧，造成孩子嗜睡、记忆力减退，对外界刺激反应迟钝，从而影响智力发育。

超重和肥胖孩子易出现产生自卑、抑郁等心理上的问题，行为表现乖张怪异。

## 如何预防孩子肥胖

通过报纸、杂志、图书、黑板报和广播电视等各种途径学习孩子营养知识，树立健康饮食的观念。

不要盲目崇尚和追求城里人的生活方式。

我太胖了！

安排孩子的饮食，既要防止肥胖的发生，又不能忽视他们生长发育的营养要求。要合理选择食物和制作食物。

充分利用农村的自然资源，让孩子经常参加户外活动，如爬山、游泳等。安排孩子参加适当的体力锻炼，帮家长做一些农田里的活。

对于已经超重或肥胖的孩子，应及时去医院检查。在专业医生的指导下，由家长和孩子共同努力减轻体重，恢复正常。

# 新生儿的本领

张奶奶见人就说巧儿的儿子不一般，将来肯定有出息！

原来，张奶奶的邻居，村里年轻的村医、“女秀才”巧儿生了个胖小子。张奶奶去串门，看见巧儿正在照顾孩子。张奶奶以为这么丁点儿的孩子除了拉屎、拉尿，就是吃和睡了。可这胖小子两眼瞪得大大的，还骨碌碌地看她妈拿的红线球呢。后来巧儿还把孩子放趴着，用手抵住孩子的小脚，孩子扭动身体，脸侧着，一用劲，身体还真往前蹿了点儿，看得张奶奶一颗心都悬着。巧儿对张奶奶说，这是在训练孩子，可张奶奶觉得离谱。话又说回来，张奶奶还真觉得巧儿的儿子有些不一般。

巧儿的儿子特别吗？这么折腾孩子科学吗？

其实，几乎所有健康的新生儿都和巧儿的儿子一样，是很能干的。

## 能看

新生儿能看，还能记住所看到的东西呢！

在新生儿安静觉醒状态，半卧位，面朝正前方，家长可用一个颜色鲜艳的红球，距离孩子的眼睛约 20 厘米处，轻轻移动，引起他的注意。当孩子注视红球时，将红球从中线位向一边慢慢移动，这时孩子的眼和头会慢慢跟着红球移动，目光追随红球。另外，新生儿最喜欢看人脸，当他注视你的脸时，眼睛睁得很大，常常停止吸吮和运动，短时间内全神贯注地凝视你，这种眼和眼的对视是一种传神的、充满感情的交流。

## 能听

新生儿能听见，还能追随声音转头呢！他们最爱听的声音是人声，尤其是自己妈妈的声音，还爱听高调的声音。新生儿对宫内胎儿期听到的声音还有记忆呢。

## 有灵敏的触觉、味觉和嗅觉

新生儿的全身皮肤都有灵敏的触觉，对不同的温度、湿度、物体的质地都有感受能力，也有疼痛感。他们喜欢接触质地柔软的物体，嘴唇和手是触觉最灵敏的部位，所以新生儿喜欢吸吮手指。6 个月以内的孩子出现吃手的现象，家长不必干涉。

新生儿有良好的味觉，喜欢较甜的东西，对咸的、酸的、苦的液体有不愉快的表情。新生儿还能认识和区别不同的气味。生后 6 天的新生儿就能闻出自己妈妈的气味了。

总之，新生儿具备了视、听、触、味、嗅觉的功能，所以从出生开始，您就可以把他看成懂事的人，多和他谈话，多和他玩耍。比如在日常生活中，您可以在喂奶时让他（她）摸摸你的乳房，多和他（她）对视，给他（她）看合适的图片，对他（她）说话时让他（她）的手摸摸你的脸，让他（她）能玩到各种质地的玩具等。这些将会对孩子未来的智力发育大有益处。

# 孩子运动发育面面观

2个月的东东，白白胖胖的，非常可爱，成天躺在小床上笑啊笑。妈妈觉着孩子软，经常横抱着孩子；而爸爸认为应该竖着抱，说这样可以早点架着学走路。究竟应该怎样训练孩子的运动发育呢？正巧，乡卫生院的郝医生来村里访视。她介绍说，其实孩子运动的发育是遵循着一定的规律和顺序的。

## 孩子运动发育的规律有哪些呢

从泛化到集中：孩子最初的动作是全身性的、不精确的，以后逐步分化为局部的、精确的动作，由不协调到协调。例如将一块毛巾放在孩子的脸上，不同年龄的孩子表现不一样。2个月大的孩子只会全身乱动，出现的是一个泛化反应；而5个月大的孩子则能双手定向朝毛巾的方向乱抓；8 个月大的孩子已能准确地、毫不费力地拉下毛巾。

从上到下：孩子动作的发展是自头端向足端进行的，比如孩子先是会抬头，然后才会坐和爬，最后能站和走。

从近到远：越接近躯干的部位动作发展越早，然后逐渐向远端发展。例如，孩子首先出现的是抬头、抬胸，双臂、双腿等躯干近端大肌肉的动作，以后才是手部灵巧的小肌肉的动作。

先正后反：即正面的动作先于反面的动作。例如：先学会用手抓东西，以后才会放下手中的东西；先会扶栏站起，后会从立位坐下；先能向前走，后会倒退走等等。

## 孩子大运动发育的顺序是怎样的

大运动是指姿势或全身的活动，比如抬头、翻身、坐、爬、站、走、跑、跳跃等等。孩子大运动发育是有一定顺序的。1 个月的孩子俯卧位时只能勉强抬头；2 个月时能俯卧抬头30～45度，直立位时头一幌一幌竖一下；3个月时俯卧能持久抬头至45度，扶着坐时头向前倾，头稍幌不稳；4个月时俯卧抬头90度，扶坐时头稳定；5个月时能翻身至俯卧位，拉坐头不后滞；6个月拉坐时会主动举头，扶站能自动跳跃；7个月俯卧时以腹部为中心做旋转运动，可以独坐1分钟；8个月时独自坐稳，左右转动自如，扶着栏杆能站立；9个月时会爬行，并会拉物站起；10个月时会扶栏杆横走，扶栏杆自己坐下；11个月时能拉着一只手能走，会独自站立片刻；12个月时会从一个物体到另一个物体走几步，会爬上台阶。

郝医生说，孩子的运动能力的发展与其脑的形态及功能有关，因为运动是在大脑皮质直接参与和控制下发展的，同时运动发育又能促进孩子的神经精神发育。东东才2个月，按照运动发育规律和程序，目前应该选择俯卧抬头的内容进行训练比较适合。她建议多给东东俯卧的机会，这才是这个年龄孩子应该多做的动作。

# 与孩子玩的学问

孩子6个月了，长得非常可爱，春梅无论是做饭还是打扫屋子的时候，都跟他说话、逗笑。因为邻居的大姐告诉她，想要孩子聪明，一定要多教孩子说话、多与孩子玩，孩子越教越聪明。

## 玩确实能使孩子聪明

人的大脑在出生前和生后2年发育最快，心理学家和教育学家已开始意识到，玩要确实可以改变孩子大脑的功能。孩子脑神经细胞有惊人的增生能力，出生时大脑有140亿个神经细胞，其中部分脑神经细胞增生后，经过移行、定于功能位继续发育，神经细胞从多方向性联系发展为单方向性联系，使孩子的反应从泛化变为集中。孩子在生活环境中接受的刺激愈频繁、愈强烈，则脑细胞发育的速度就愈快。可见，尽早给予婴幼儿适当的感觉和运动刺激，可以促进其各种学习能力发展，甚至可以弥补早期营养不良所带来的不良影响。因此，妈妈与孩子游戏和交流可以帮助孩子更好地生长和掌握学习技能，这些活动在出生后第一、二年尤其重要。给孩子充分的刺激，跟他/她玩耍，可以促进大脑发育，有助于孩子未来的学习。

## 怎样与孩子玩

与孩子游戏和交流可以帮助妈妈和孩子建立良好的母子关系，帮助孩子培养良好的情绪、性格和社会适应能力。父母不仅是孩子生命的赋予者，也是他成长过程中的第一任教师。与孩子一起玩，使父母和其他看护人有机会经历和欣赏孩子的成长和发育。父母是家中最好的观察者，也是最能理解孩子身心需要的人。当与孩子玩时，你将发现你会按你自己的特别的方式想出更多的玩法来。定期地与孩子玩，会给孩子大脑各部位的发育提供适合年龄的、良性的刺激，促进他各阶段的发育，帮助孩子充分开发潜能。

**母子交流玩耍的五大准则**

| 母子交流的准则 | 关键期 | 推荐的交流方法 |
| --- | --- | --- |
| 1、向孩子表明你爱他 | 出生～3个月 | 玩耍：让孩子多看、多听、经常搂抱和抚摩他。<br><br>交流：凝视孩子眼睛并对他微笑。 |
| 2、多与孩子说话 | 3～6个月 | 玩耍：与孩子说话，逗引他多发音。<br><br>交流：和孩子说话并创造一种伴随着声音和手势的交谈情境。 |

续　表

| 母子交流的准则 | 关键期 | 推荐的交流方法 |
| --- | --- | --- |
| 3、及时鼓励和表扬 | 6 ~ 12个月 | 玩耍：给孩子一些干净、安全，可以手握、敲击和不易摔坏的家庭用品，鼓励他用各种方法玩耍。<br><br>交流：对孩子的声音和兴趣及时反应，对他的努力给予表扬。 |
| 4、学习用姿势和语言来表达 | 12 ~ 18个月 | 玩耍：教孩子玩拍手“欢迎”、招手“再见”游戏，学习指鼻子、眼睛、耳朵等身体部位。<br>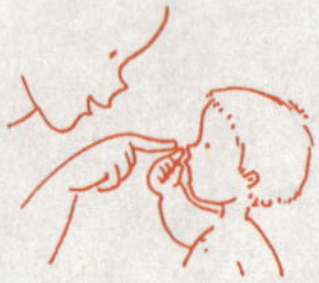<br>交流：向孩子问一些简单的问题，当他试图与你交谈时及时应答。 |

续 表

| 母子交流的准则 | 关键期 | 推荐的交流方法 |
|---|---|---|
| 5、与孩子玩耍 | 18 ~ 36个月 | 玩耍：给孩子讲故事，与孩子一起搭积木、穿珠子、认颜色、数数、比较大小、唱歌、做游戏。交流：鼓励孩子说话并回答他的问题。 |

## 与孩子玩什么

比赛看谁爬得快：孩子学会手膝着地爬行后，经常带孩子到草地上或干净的场所让他自由爬行、玩耍，也可在家为孩子准备宽阔的爬行空间，还可准备一些障碍物（如被子、枕头等）让他练习翻越，与他比赛谁爬得快。

互相滚球：小孩子都喜欢玩球。孩子不会走路时可以与他互相滚大皮球，让他来回爬着追球。当孩子走稳以后，可以鼓励他追球玩。神奇的皮球会给孩子带来无穷的动力，使他乐此不彼地奔跑、玩耍。

扔球与踢球：为孩子准备几个大球和小球，教他扔球和踢球。扔球时学习手心朝下，用力抛出；踢球时不扶物体，摆动腿踢出。尽量让孩子玩得尽兴，在扔与踢的动作中锻炼肌肉力量和平衡能力。

追人游戏：孩子会走以后，可以经常与他玩追人游戏，即妈妈一会儿左、一会儿右在前面逗引，让孩子追过来。还可带孩子绕着树等障碍物跑。让孩子跑动是最好的锻炼。

上台阶：上台阶是锻炼强度比较大的运动，但也是孩子的偏爱。每天均应给孩子上下台阶的锻炼机会，不断增强孩子的肌肉力量和心肺功能。

钻爬：孩子会走以后，仍可带他做爬行运动。这时孩子比较喜欢钻爬床底、桌底，父母可以用纸箱做成隧道，让几个孩子一起比赛钻爬。

# 母子分离对孩子的伤害

小雪出生不到1岁，妈妈就到外地打工去了，小雪哭着找妈妈好长时间。当小雪2岁时，妈妈回来过春节，但这时她已经不认识妈妈了。当妈妈急切地张开双臂要抱她时，她被吓得直往奶奶怀里扎。妈妈好难过，不明白是怎么回事。

这要从“依恋”的形成说起。

## “依恋”是怎么形成的

孩子自身对妈妈或家人形成的难以离舍的感情联结，就是我们所说的“依恋”。一般，孩子从6个月开始出现这种倾向：陌生人抱他就哭，妈妈抱他就会立刻不哭；听到妈妈的声音就高兴，而一旦妈妈要离去他就会哭着要去追。依恋是一种动物的本能和基础需要。孩子出生后，首先有生理上的需求，即需要有人给他喂奶、为他换尿布、洗澡……人类还有更高的情感上的需求，即孩子需要有人对他微笑、说话、抚摸……而妈妈与孩子密切接触，无微不至地关心照料，使孩子的生理需求和情感需求均得到满足，这时孩子就会对爱他的人产生信任，从而形成依恋。有了依恋，才能获得安全感，才能在满足、坦然、愉快的基础上去探索外界环境。与妈妈形成健康的依恋，是他学习爱别人的基础，对孩子以后的情绪与处理人际关系能力的发展都非常重要。孩子从对妈妈的依恋开始，逐步扩大依恋的圈子，在成长过程中，逐步学习并掌握处理好人际关系的能力。所以，孩子对妈妈依恋的形成，是孩子一定要完成的最重要的课程。依恋发展的过程，即是孩子向自立发展的过程。

## 母子分离对孩子有什么影响

孩子与妈妈或其他照顾者产生依恋后，一旦分离将使孩子产生一种独特的心理状态，那就是悲伤、难过和盼望。母子分离会造成孩子严重的心理挫伤，出现明显的行为反应。小年龄的孩子表现为非常焦虑、哭、要找妈妈。随着分离的继续，则会出现极消沉的情绪，表现出悲哀和绝望式的淡漠。长期与亲人的分离，会造成孩子依恋的冷化，使之很难与他人建立深入的联系。未能受到妈妈或亲人养育的孩子，会出现一些行为障碍，如遗尿、咬指甲、刻板动作，有的孩子还会出现反社会行为，如打人、咬人、破坏公物等。

母子分离是否会产生以上反应，还要看孩子的年龄、气质特征、环境等因素。一般 5 个

月以上大的孩子才开始对分离产生反应，12～18个月达到高峰，而4岁以上的孩子反应就不会那么明显了。从气质特点看，愈是活泼、适应能力强的孩子，分离痛苦的时间愈短，反之则分离痛苦的时间长。如果母子分离时，还有其他亲人照顾他，孩子情绪的紊乱和痛苦可以减轻许多。如果伴随分离，还出现一个陌生环境（如入托儿所、因病住医院），则对孩子是一个很重的心理压抑和打击。

因此，只要有可能，妈妈应尽可能长地亲自带养自己的孩子，避免他过早地经受分离痛苦。对那些胆小、适应新环境能力较差的孩子，尤其要注意这一点。

# 如何培养孩子良好的性格

滔滔4岁了，是家里三代单传的男孩，格外受到长辈们的溺爱。滔滔上幼儿园后发现，与同龄小朋友相比自理能力较差，衣服穿不好，经常被小朋友笑话。因此他不爱上幼儿园了，总跟妈妈发脾气，情绪不稳定。老师跟妈妈反映，是否孩子的性格有问题。

## 什么是性格

性格是人的稳定的心理特征，是在不同孩子身上表现出来的对事、对人和对自己的不同态度，并且形成习惯的行为方式。性格并非由先天决定，而是在后天的生活环境中形成的。一个人的性格形成之后就有相对稳定性，但孩子时期，尤其是学龄前阶段，是性格的形成期，这一时期的孩子有一定的可塑性。孩子良好性格的培养就要抓住这个时期。

## 如何培养孩子良好的性格

众多学者认为，性格不是遗传的，遗传只是形成性格的一种生理条件，它不会预定孩子性格的形成方向。在孩子成长过程中，哪些因素是影响孩子性格形成的主要因素呢？最主要的因素是家庭、社会的影响。

性格是在后天生活环境中逐渐形成的，并且随着生活环境的改变而得到质的改变。家庭对孩子最初性格的形成起着重要作用。父母通过自己的言行，通过家庭成员之间的关系，通过对孩子的态度和教养方式来影响其性格的形成。孩子早期的生活经历很重要，如果父母离异、缺乏母爱，孩子的性格往往为孤僻、不合群、抑郁、自卑、敌视。父母对孩子的态度对孩子性格的形成尤为重要。有研究表明，如果孩子的欲望长期得不到满足，则会引起其性格不正常或不成熟。通情达理、关心爱护孩子的父母，培养出来的孩子很少有破坏性的防御机制，善于处理相互冲突的欲望驱力。但是，喜欢惩罚、过分限制的父母，培养出来的孩子往往过分运用心理防御机制，变得怯懦或顽固，并易产生心理行为障碍。如果父母一味溺爱迁就，总给孩子在家中特殊的地位，培养出来的孩子将表现出较多的消极性格特点，如任性、发脾气、唯我独尊、怕劳动、怕困难等。可见，孩子在成长过程中，经历着一系列的关键性生理情绪阶段，如果父母对孩子某一发展阶段的欲望要求过分放任，或者过分给予压制都可能使孩子产生永久的人格损害。

因此，父母应注意从小培养孩子积极的性格特征，对孩子的需求给予敏感的、适宜的、正确的反应，使孩子生活在一个民主、和睦、互相给予爱的家庭环境之中，为孩子良好性格的形成提供有利条件。

# 意外伤害

意外伤害是国际公认的威胁孩子健康的重要问题，意外伤害导致的伤残往往给受伤的孩子及其家庭带来极大的不幸和高昂的医疗费用。0~6 岁的孩子最容易发生意外伤害，与这一时期孩子好奇心强、识别危险能力差、自我保护能力弱有关。常见的意外伤害有窒息、跌落伤、烧（烫）伤和中毒等。

## 意外窒息

毛毛刚满 2 个月，因为冬天比较冷，爸爸妈妈怕毛毛晚上睡觉冻着，总是给毛毛穿很多衣服，裹得严严实实的，而且搂着毛毛一起睡。一天晚上，妈妈半夜隐约感到毛毛的头在自己身上蹭，开灯一看，发现毛毛面部发青，呼吸很弱，爸爸妈妈不知所措，赶紧将毛毛送到医院抢救，医生诊断窒息。尽管毛毛被抢救过来了，但由于窒息的时间长，毛毛的大脑受到一定损伤，必然会影响他以后的发育。

毛毛出现窒息很有可能是因为妈妈熟睡时，将毛毛搂得太紧，不小心堵住了毛毛的脸，导致呼吸阻塞。

意外窒息是1～3个月内孩子常见的意外事故，多发生在严冬季节，主要由于家长照顾不周或护理孩子的行为不正确造成。为防止意外窒息，家长要注意以下几点：

- 哺乳的妈妈不要躺着给孩子喂奶，以免妈妈熟睡后乳房压住孩子鼻孔，造成窒息。
- 成人不要和孩子合睡一个被窝，也不要将孩子搂在怀里睡觉，避免熟睡后成人的胳膊或被子捂住孩子脸部，阻塞孩子呼吸；另外也不要将孩子裹得太严实，孩子活动能力弱，发生窒息的可能性更大。
- 孩子睡觉时，不要将被子盖过他的头部。
- 家长抱孩子外出时，不要把孩子头盖得太严，如果要盖，宜用透气性好的纱布或丝巾。

不要在孩子枕头旁边放塑料布或给孩子使用塑料围嘴。如果有风，将塑料布吹到孩子脸上，可能会造成孩子窒息。

家长不要将孩子单独留在家里，孩子吐奶后可能会因奶块呛到气管里造成窒息；另外孩子嘴边的奶汁有可能引来小猫等家禽、家畜，它们的躯体或尾巴压住孩子的口鼻，也会引起窒息。

当小孩发生意外窒息时，应迅速解除引起窒息的原因，清除呼吸道和口腔分泌物，保持呼吸道通畅。如果孩子呼吸、心跳已经停止，应立即进行口对口人工呼吸和心脏按压，并送医院进行抢救。

## 跌落伤

刘大爷家的窗台上种了很多花，为了方便浇水，刘大爷在窗户下面放了个板凳。有一天他们家的小孙孙自己在家玩的时候，就踩着凳子爬上窗台去抓小花上落着的蜻蜓，一不小心翻到窗户外面，所幸窗外是阳台，小孙孙没有掉到楼下，但是头磕出了大血包，住了一个星期的院。刘大爷为此后悔不已。

跌落伤是小孩意外损伤中最多见的致伤原因，往往导致孩子出现骨折、出血、昏迷，甚至死亡。

小孩发生跌落伤，一方面是因为小孩喜欢追逐、打闹、爬高，但平衡能力和应急反应能力差，容易从床上、楼梯上跌落。另一方面往往是家长的一时疏忽，在设置、摆放用具时，缺乏安全意识。就像刘大爷，当他放凳子的时候，没有预料到小孙孙会爬上去玩。

## 温馨提示

为了避免孩子不发生或少发生跌落伤，家长应注意以下几点：

- 孩子小床应该设有护栏。
- 室内地上不要随意放置板凳、脸盆、花盆等杂物，以免绊倒。
- 室内桌椅角应用棉布包裹，避免磕碰。
- 桌椅避开窗户及阳台，窗户、阳台应装有一定高度的护栏或护网。
- 小孩下楼梯时要手扶楼梯上下，不要打闹。
- 小孩在户外活动，如玩滑梯、秋千，家长要在旁看护。

当孩子受伤时，如果是扭伤或擦伤了，应及时用冷开水或肥皂水清洗伤口，注意保持伤口清洁和及时止血；伤情严重的，例如孩子出现昏迷、头部出血等情况应立即上医院。

## 烧（烫）伤

刘奶奶家的丁当特喜欢看奶奶做饭，他一直很好奇为什么锅里会冒气。有一次，奶奶着急接电话，就把一锅热水放在地上，丁当这下可高兴坏了，伸手就去抓水蒸气玩，滚烫的开水把丁当烫的哇哇直哭，手上的水泡过了3周才消退，而且还留了个大伤疤。

倘若刘奶奶当时稍加注意，把开水放在丁当够不着的地方，就不会发生此类意外了。

烧（烫）伤是孩子最常见的外伤之一。6个月~3岁的孩子逐渐学会爬和走路，活泼好

动，好奇心强，不清楚外界事物的危险，所以最容易被烧（烫）伤。

烧（烫）伤可由沸水、油、汤、热水袋、保暖瓶、取暖器、火焰等引起。由于小孩的皮肤比较嫩，同样的温度在成人可能只是轻伤，而在小孩则会导致重度烧伤。而且，小孩抵抗力差，伤口很容易感染，往往会引发更严重的疾病。

## 温馨提示

家庭预防孩子烧（烫）伤要做到：

桌子上不要铺布，以免小孩拉桌布时，

桌上的物品烫伤或砸伤小孩。

- 保温水瓶要放到孩子摸不到的地方。
- 洗澡时水盆内要先放凉水后兑热水。
- 不要让小孩单独进厨房。
- 使用带有安全装置的电插座。
- 打火机、火柴放在小孩拿不到的地方，否则不仅小孩不安全，还有可能发生火灾。

一旦孩子被烧（烫）伤，应立即把烧（烫）伤部位浸入凉水中，直到不痛为止，用干纱布外敷。伤口表面不可以涂酱油、大酱、牙膏、外用药膏、红药水、紫药水等，应及时到医院处理。

## 药物和化学中毒

明明是小学二年级的学生，一天放学回家，看到厨房里放着一瓶可乐，明明拿起就喝，结果发现可乐很苦，原来粗心的妈妈把洗洁精装在可乐瓶里又没做标记，搞得明明上吐下泻好几天。

孩子好奇心强，缺乏生活经验，不能辨别有毒或无毒，因此像明明这样误食东西的情况经常发生。如果孩子误食了清洁剂、杀虫剂、药物等危险物品，容易导致中毒，常常出现大汗、皮肤发红、呕吐、腹泻、水肿等现象，严重时还会导致孩子心跳减慢、呼吸困难、昏迷，甚至死亡。所以家长在放置物品时需非常慎重。

## 温馨提示

药品、家用化学品均要存在原来的包装容器里。

千万不要用饮料瓶盛装消毒剂和清洁剂。

家中的药品和化学品，放在孩子够不到的地方或上锁保管。

在给孩子服药时，要先阅读标识和说明书，弄清楚正确的剂量和使用方法，如果没有按剂量服用，也可能使孩子药物中毒。

任何情况下，不要让孩子自己拿药吃。

当孩子发生中毒上医院时，应带上可能误服的药物和其他化学产品，如有外包装和说明书也一并带上。

# 早期识别新生儿危重症

小张早产，孩子生下来只有5斤。医生让孩子多住几天医院观察，可是家里人说没关系，硬是让她带孩子出院了。回家第一天孩子吃奶还好，第二天吃奶发呛，呼吸急促，身子也变得热起来。这时妇幼保健医生来家里随访孩子，发现孩子体温达39℃，呼吸次数每分钟65次，并出现呼吸困难，考虑是重度肺炎，立即将孩子送到医院治疗。一周后，孩子康复出院了，小张感激不尽："幸亏医生来家看孩子，要不然孩子就没命了。"医生告诉小张，妈妈应该掌握一些预防孩子患病的知识，提高早期识别危重症的能力，尤其是新生儿危重症。

## 为什么要尤其关注新生儿

新生儿指的是出生至28天的孩子。在这一时期，新生儿身体各器官的功能发育尚不完善，对外界环境变化的适应性较差，因而易患各种疾病，此阶段是孩子发病率和死亡率最高的时期，喂养和护理不当都可能造成疾病发生，甚至死亡。

新生儿严重的细菌感染常常没有明显的临床表现，只有活动减少、发热或低体温等一般表现。新生儿感染后病情发展特别快，如果忽略，可能因患肺炎、败血症或脑膜炎等严重的细菌感染而迅速死亡。因此父母应掌握新生儿危重症的表现，早期发现问题，及时上医院，以免贻误治疗，造成不可挽救的后果。

## 新生儿危重症有哪些表现

- 惊厥（抽风）
- 呼吸增快（60 次/分或以上）
- 严重胸凹陷
- 发热（37.5℃以上或感觉皮肤发烫）
- 低体温（35.5℃以下或感觉发凉）
- 腹泻
- 喂养困难
- 眼部流脓
- 皮肤脓疱
- 皮肤黄染
- 脐带残断发红或流脓

## 发现孩子病了怎么办

任何有可能成为危重症的新生儿，均需要立即到医院处理。如果小医院治疗有困难，应紧急转诊。转诊前医生会给予必要的预防低血糖等方面的处理。转诊途中，妈妈要为患病新生儿保暖，因为孩子难以维持体温，仅低体温就足以使孩子死亡。

如果新生儿只是局部细菌感染，如脐部感染或皮肤感染，可在医生的指导下，在家中治疗及护理。妈妈应在 2 天后带孩子复诊，以确定感染是否好转。

# 孩子健康的杀手
## ——先天性心脏病

十月怀胎，小王生下了一个女孩，取名雯雯，虽比较瘦小但还算可爱，一家人满心欢喜。雯雯三四个月时，小王发现孩子吃奶很费力，吃完奶还有点气喘吁吁的，口唇有点发紫，她感觉孩子是生病了，和丈夫一起带着雯雯走进了孩子医院。经检查雯雯患有先天性心脏病。欢天喜地迎来了孩子的降生，却发现孩子不幸患了先天性心脏病，这种痛苦和折磨，只有个中人才能明白其中滋味。

### 什么是先天性心脏病

先天性心脏病，顾名思义就是孩子一出生就有的心脏病，主要是由于孩子在母体中的发育过程中，受到各种因素的影响，比如感染、药物的影响，造成的心脏疾病。很多人认为只有成年人或老年人才会有心脏疾病，但事实并非如此，每200~300个新出生孩子中就会有一个患有先天性心脏病。而许多先天性心脏病是需要在孩子时期进行手术矫治的，如果不治疗的话，会给病儿带来很大的影响，绝大多数都不能活到成年。因此先天性心脏病被称为危害孩子健康与生命的残酷“杀手”。

## 家长如何发现孩子患有先天性心脏病

先天性心脏病的孩子表现的情况千差万别，症状较重的孩子，父母和医生能及时发现，而有些症状很轻，基本上跟正常的孩子没有太大的差别，这样的话就容易被父母忽略。一般来说，其可疑症状有：

- 哭声低微，声音嘶哑，哭闹或者活动以后容易气喘。
- 呼吸急促，吃奶无力，喂奶时常有呛咳、拒食现象发生。
- 胃口小，生长发育不良。

面色苍白、烦躁不安、多汗，剧烈活动或哭闹后唇周发紫。

抵抗力弱，容易患感冒、支气管炎和肺炎等病，且患病后不易恢复。

## 孩子患有先天性心脏病怎么办

平时应加强生活护理，预防感冒，及时补充营养。

先天性心脏病一般都应手术治疗，治疗时机以3～6岁为最佳。但也有孩子因病情较重，出生几个月后就要手术的。现在手术治疗成功率很高，手术后孩子可以完全像正常孩子一样学习和生活。

## 预防从孕期开始

孩子先天性心脏病是可以预防的，预防应从孕期开始。

在医生的指导下，在双方都健康的状况下准备怀孕。

在怀孕早期，一定要做必要的检查和咨询，尽可能避免感染，特别是病毒感染，如果发生感染，不能随便用药，应在医生的指导下用药。

对于育龄夫妇来说，尽量减少不良嗜好，如抽烟、喝酒等。

## “洋娃娃”也是病
## ——苯丙酮尿症

小王两口子结婚数载，喜得千金，一家人乐得合不拢嘴。小妞妞大大的眼睛，高高的鼻子，活脱脱的“美人胚子”，特别是不知什么时候起，孩子的皮肤越来越白皙，头发也越来越黄，左邻右舍都夸：小妞妞长得像洋娃娃，好可爱哟！奶奶听了，别提多高兴了。美中不足的是妞妞的小便有点刺鼻，像鼠尿臭味。转眼快到“六一”孩子节了，社区要评选“健美孩子”，于是爸爸妈妈带小妞妞去医院进行体检。结果医师告诉爸爸，小妞妞患上了苯丙酮尿症，孩子皮肤白皙、头发金黄都是疾病所致，由于发现太迟没有及时治疗，已对孩子的智力造成了不可逆的影响。

## 苯丙酮尿症有哪些症状

病儿出生时表现正常，通常在3~6个月时开始出现症状，1岁时症状明显。

智力低下　智力发育逐渐落后于同龄孩子，可伴有行为异常、多动或抽搐等症状。如果不加治疗，最终将变成痴呆，成为家庭与社会的沉重负担。

外貌　皮肤变得白皙、干燥，头发发黄。

其他　尿和汗液常伴有刺鼻的鼠尿臭味。

## 如何早期发现苯丙酮尿症

目前通过常规的新生儿筛查，即新生儿喂奶3日后采集足跟末梢血进行相关检查，几乎所有的患病新生儿都能被早期诊断。一旦发现孩子皮肤白皙，头发变黄，尿液有异味，则可能患有该病，应尽早去医院检查。

## 早期发现后该如何治疗

目前主要是饮食疗法——低苯丙氨酸饮食。由于病儿机体内的一种叫苯丙氨酸的氨基酸不能正常代谢，而这个氨基酸主要来自于我们平时吃的鸡肉、鱼、虾、牛奶，以及大米、白面，如果像正常人一样饮食就可以引起疾病。因此对病儿不能喂养普通奶粉，应喂给特制的低苯丙氨酸奶粉，到幼儿期的饮食应以谷类、蔬菜、水果等低蛋白饮食为主，且应少吃肉类、鱼、蛋类等食物。

决定疗效好坏的主要因素是开始治疗时间的早晚，出生后立即开始治疗效果最好。如在 6 个月以后才开始治疗，以后仍可能存在智力低下；4 ~ 5 岁以后才开始治疗者，智力不会改善。通常主张饮食控制至少要持续到青春期以后。

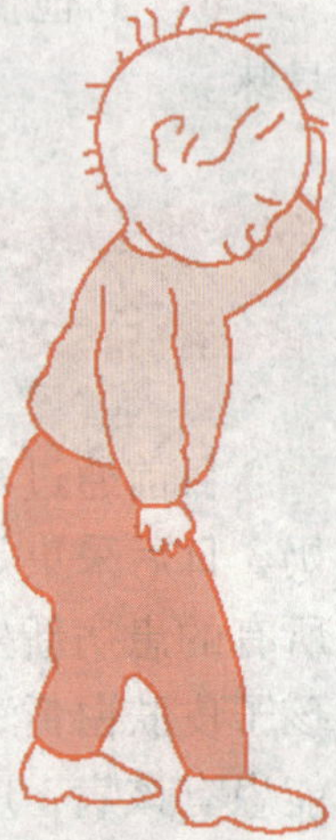

# 94 厘米的 10 岁男孩
## ——先天性甲状腺功能减低症

这天，诊室内来了一个小男孩，是由父亲陪同来的，看着父亲身上背的大包，显然是远道赶来的。一进来，父亲向我诉说：“不知怎么回事，我们夫妻俩个儿都可以，可孩子小明，今年 10 岁了，看上去只有 3 岁孩子那么高。小明出生时就有 8 斤多，可出生后就发现比邻居家的孩子长得慢，走路也迟，3 岁才能勉强走路，3 岁半才开始叫“爸爸、妈妈”。目前读了 3 次小学一年级，成绩还是差，身高也出奇的矮，比同学矮了几十厘米。”经检查，医生发现小明长的和一般孩子不太一样，面色黄黄的，头发稀稀的，两眼间距宽，塌鼻梁，躯干长而四肢短。很显然，小明是一个先天性甲状腺功能减低症病儿。正因为这种特殊疾病，导致了小明的身高及智力发育明显落后于同龄孩子。也正因为没有及时诊治，小明的智力已无法恢复，身高也将受到影响。

## 先天性甲状腺功能减低症的孩子有何特点

先天性甲状腺功能减低症简称甲低，是一种常见的内分泌疾病。病儿出生后一般不爱哭，嗜睡、腹胀、便秘、皮肤粗糙。在出生半年后逐渐表现明显，其特点为面容特殊、身材矮小、智力落后、生理功能低下。

特殊面容：头大颈短、颜面水肿、双眼距增宽、鼻梁扁塌、舌大唇厚、喜流口水、傻相。

身材矮小：身高明显低于同龄孩子，躯干长、四肢粗短，体形不匀称。

智力落后：智力发育明显落后，表情呆滞，简单数字计算也很难学会。运动发育障碍，如翻身、坐、立、走的时间都延迟。

生理功能低下：体温偏低，安静，少活动，少哭笑，对事物反应迟钝，食欲不振，大便干燥，便秘。

## 一旦患上此病该如何治疗

本病宜尽早治疗　如果出生后 3 个月内开始治疗，绝大多数病儿智力可达到正常；如果在 6 个月后才开始治疗，虽然治疗后可以改善病儿生长状况，但是其智力会受到严重损害。

需终身服用甲状腺素治疗　该药物安全、经济、有效，但要定期随访，随时调整药物剂量。

## 怎样早期发现甲低病儿

最主要的是进行新生儿筛查。目前我国绝大部分地区已开展新生儿甲低过筛试验。与此同时，应及早观察孩子的表现，力争在出生后1个月内开始治疗，使孩子能在智力、体格等各方面正常发育。

# 还我一双美丽的大眼睛——斜视

小红长得其实很漂亮，大眼睛，高鼻梁，可是找对象却成了问题。原因就是她的一只眼睛斜视，大大影响了美观。我是在一次门诊中碰见她的，那时她已经21岁了，我问她怎么没有早到医院来呢，她回答到："以前就发现了，那时妈妈说长大了再看。"交谈中小红总是低着头，声音也很小。并且我发现她有轻度的歪脖。

孩子常见的眼病有：弱视、斜视、屈光不正、近视、散光以及炎症等等。这个故事中小红患的是斜视，而且患眼已经形成弱视。

## 斜视是否应长大了再纠正

一些家长认为孩子斜视不碍事，长大后再做手术。这种观点是错误的。斜视不仅影响孩子的外观，还会影响立体视觉的形成。错过早期治疗的最佳时机，会导致斜视眼的弱视，甚至使该眼视力丧失。此外，长期代偿性姿势还会引起面部和脊柱的畸形。孩子因为斜眼容易被小朋友讥笑，也会导致一些心理上的异常。

## 孩子眼病早发现口诀

一月怕来二月动（怕指怕光，动指能随物体转动眼球）；

四月摸看带色物；

六月近物能抓住；

八月存在跟随目（大人手指到哪，孩子眼光看到哪，并固视不动）；

一岁准确指鼻孔；

两岁走路避开物。

## 呵护眼睛小处方

保护孩子眼睛从孕早期做起　孕早期避免感染，慎服药物，防止引起先天性白内障、视网膜色素沉着、视力低下等。

父母双双远离性病，护理孩子注意清洁卫生　患淋病的妈妈可使经阴道分娩的孩子患上结膜炎、角膜溃疡等，甚至导致失明。出生后，孩子也可被病菌污染的护理者的手、毛巾、洗澡水等感染。孩子的用品应与大人分开。

孩子成长中预防各种眼外伤：给孩子提供安全的生活环境，远离各种危险物品，尤其是尖锐物品。强光下注意采取防护措施。

养成健康的用眼习惯：不要长时间看书、看电视。养成正确的坐姿看书。不要用手揉眼睛。

# 告别无声的世界

杨素的孩子已经2岁了，还不会讲话，她心里一直以来的担心再也控制不住，跑到医院来问大夫。经过检查，大夫告诉她，她的孩子存在有先天性听力障碍，以至于语言发育滞后，若再不抓紧救治，将会发展成耳聋性哑巴。有老话讲“贵人话语迟”，正是这句话让杨素抱着侥幸的心理，没有尽早地到医院来就诊。而且，即使给孩子配上助听器后，爷爷奶奶仍不愿接受现实，只要有外人，就会不让孩子带它。

刚刚出生的孩子怎样才能知道他/她的听力正常呢？听力筛查会是一个很好的办法。

## 为什么要进行新生儿听力筛查

听力障碍是常见的出生缺陷之一。良好的听力对于孩子感知外界信息，促进神经发育，尤其是语言能力的发展是必不可少的要素。婴幼儿听力损失直接影响其语言的形成，主要表现为发音不清，甚至可以导致耳聋性哑巴，严重影响孩子的生活和学习；即使听力轻度损伤，也可导致咬字不清，表达能力较差和反应迟钝。因此，做好孩子听力障碍的防治，对于孩子的健康发展很有帮助。听力障碍发现得越早而且干预越早，孩子掌握好语言技能的可能性就越大。但是，绝大部分孩子听力是正常的，家长一般不会想到听力检查，只有在较长时间内出现较明显的异常现象（如语言障碍或反应迟钝等）但又无法确认原因时，才会想到找医生检查，这时可能已经延误了诊断和治疗的最佳时机。

## 什么是听力筛查

新生儿听力筛查是通过现代电生理学技术，在新生儿出生后自然睡眠或安静的状态下进行的客观、快速和无创的检查。一般仅用5~10分钟就可以完成测试。新生儿在出生48小时以后，要接受初次听力筛查；未通过初筛者，在42天左右接受听力复查；42天复查仍未通过者，在3个月左右进行听力诊断性检查。确诊为听损伤的病儿应及时到医院的专科进行相应的医学干预。

## 什么样的孩子出生后易发生听力损失

新生儿双侧听力损失的发病率一般在2‰~3‰，如果妈妈和孩子（生后20天以内）有如下情况，则提示需要对孩子要进行重点听力监测：

1. 永久性听力障碍家族史；

2. 颅面部畸形，包括耳廓和外耳道的形态异常；

3. 具有伴发听力损失综合征的特征者；

4. 孕妇宫内感染，如巨细胞病毒、疱疹、弓形虫病，风疹。最易发生在怀孕初期的3个月内。

5. 有些新生儿在出生时并无听力丧失，但可由于各种后天因素而导致听力障碍，如脑膜炎，使用耳毒性药物，严重黄疸，严重窒息，以及其他严重疾病而长时间住新生儿监护病房，均为听力障碍的高危因素。

## 孩子被确诊为听力障碍怎么办

一旦确诊听力障碍，就要尽早矫正或干预。国内外专家研究发现，对早期确诊听力障碍的病儿进行听力矫正干预，如配戴助听器，或是做人工耳蜗手术等针对性治疗，并配合听功能训练、语音治疗以及语言训练等，能使病儿逐渐认识声音，避免聋哑残疾的产生。开始干预的时间最好在出生 6 个月甚至更早，具体步骤需要在专科医生指导下完成。

## 天气冷热无常，小儿肺炎“扎堆”

3岁的刚刚平时很少发病，这几天突然高热、寒战、轻咳，妈妈给他服了消炎药，抗感冒药，仍不见好转。3天后，刚刚来医院检查，经化验及X线检查，确诊患了肺炎，立即住院治疗，治疗10天后才恢复健康。据医生说，近日冷冷热热的天气，使肺炎病儿明显增多。

原来每到天气变化无常、温差大的时候，生性好动、抵抗力又差的孩子很容易染病。尤其是肺炎，很容易成为孩子们的致命杀手。为了不让家里多出一个小“咳嗽”，也为了孩子能健康茁壮地成长，有经验的家长都知道要加强防护。

### 何谓小儿肺炎

小儿肺炎是孩子常见疾病中对健康威胁最大的疾患之一。在我国，小儿肺炎四季散发，但多发生在冬季或冬春交替等气候骤变的季节。初春季节，气候多变，空气湿度较大，病原体易传播。若居家拥挤、通风不良、空气污浊，更易引发肺炎。而各种呼吸道传染病、小儿腹泻、营养不良、贫血、佝偻病等均可以成为小儿肺炎的内在因素，这些病儿一旦发生肺炎，病情往往较重、病程也较长。这与孩子本身对外界气候变化的适应调节能力差有关。

## 小儿肺炎有何特点

孩子得了肺炎主要表现为发热、咳嗽、喘，肺炎的发病可急可缓，一般多在感冒数天后发病。最先见到的症状是发热或咳嗽，体温一般为38～39℃。身体弱的孩子可不烧，甚至体温低于正常，可出现咳嗽、呛奶或奶汁从鼻中溢出。普遍都有食欲不好、精神差或烦闹、睡眠不安等症状。重症病儿可出现鼻翼扇动、口周发青等呼吸困难的症状，甚至出现呼吸衰竭、心力衰竭。病儿还可出现呕吐、腹胀、腹泻等消化系统症状。孩子得了肺炎应及时诊治，重症肺炎必须住院治疗，轻症肺炎可以在家进行治疗和护理。

## 如何预防小儿肺炎

父母要注意天气变化，适时给孩子增减衣服。

尽量不带孩子到公共场合、人员拥挤的地方活动，房间应经常通风，保持空气新鲜。

孩子应经常进行体育锻炼，增强体质。

孩子膳食应搭配合理，注意补充蛋白质，多吃蔬菜、水果等富含维生素的食物。

不要让孩子接触已感染的孩子和成人，并积极预防佝偻病、贫血、微量元素缺乏等病症，提高孩子抵御疾病的能力。

发现孩子感冒要及时治疗，避免转成肺炎。

# 小心“病从口入”，谨防小儿痢疾

虎子中午放学回家感觉肚子饿极了，可爸爸、妈妈还没回家，于是自己把昨晚剩的饭菜热了，狼吞虎咽地吃完后又上学去了。可到下午，虎子感觉全身发冷，肚子一阵阵地疼，接着出现恶心、呕吐，拉稀便，大便拉不完，刚拉过又想拉。虎子被紧急送到医院检查，医生诊断为“细菌性痢疾”，需住院治疗。

## 孩子是怎样患上细菌性痢疾的

细菌性痢疾，简称痢疾，好发于夏、秋季，儿童较为常见。主要是通过粪－口途径传染的，就是说吃下痢疾病人和被带菌者粪便污染过的食物可得痢疾。一般来说，一旦吃了不洁食物，如凉拌菜、瓜果、冷饭、未彻底煮透的残菜剩饭等，或使用了被污染的食具，即可引起疾病。若喝被痢疾杆菌污染了的生水，玩过污染过的玩具后又未好好洗手就吃饭，或孩子有吮手指的习惯，痢疾杆菌就会乘虚而入，引起疾病。看来虎子就是吃了腐烂变质的剩饭菜才患病的。

## 孩子患病后有什么表现

普通型痢疾一般起病很急，常先有发热，体温多达 39℃ 以上，同时或数小时后出现腹痛，大便次数多，每日 10～30 次，大便带有脓血，想拉又拉不多，总有没拉完的感觉，医学称“里急后重”，同时还会伴有恶心、呕吐、食欲减退、全身无力等临床症状。绝大多数孩子经过有效抗生素治疗，数日后即可治愈。

另一种痢疾被称为中毒性痢疾，其主要特点是没有腹泻。但这种没有腹泻的痢疾比有腹泻的痢疾更可怕，其病情发展非常快。病儿常突然高烧，体温可达 40℃ 以上，并很快出现神志模糊、胡言乱语和抽风，不久即进入休克状态。因为病情变化快，往往在 48 小时内病儿的症状就会迅速恶化，死亡率极高。因此，在痢疾发病的高峰季节，孩子突然高热、抽风、精神很弱、面色灰白，家长应立刻将病儿送往医院检查和抢救。

## 把好“病从口入”关

预防痢疾的关键是管好孩子们的嘴，把好“病从口入”这一关。

注意饮食卫生，不吃腐烂变质及被苍蝇、蟑螂污染过的食物，不吃未洗净的瓜果。

坚持做到饭前便后洗手。

不吸吮手指，不啃玩具，不随地大小便。

保持室内外清洁卫生，消除蚊蝇滋生场所。

小心病从口入！

# 孩子反复感冒为哪般

前两天天气转凉，4 岁的楚楚半夜忽然发起高烧、说起了胡话，妈妈给楚楚量了一下体温，竟烧到了 39.7℃，这可把楚楚妈给吓坏了。她连忙把楚楚送到医院，挂号、取药、输液，整整忙了一宿。楚楚妈第二天上班无精打采，虽然人在单位，可心却在孩子身上。楚楚妈提起孩子就有点心痛：“不知道什么原因，孩子总是感冒，真让人操心！”

的确，有些孩子动不动就感冒，以至于大多数时间都显得病恹恹的，这既影响孩子的健康成长，也给家长带来了负担。

## 孩子反复感冒有原因

感冒是孩子最为常见的疾病之一。一年四

季都可以发病，但冬季较易发病。据医学观察，一个孩子在一年内往往反复发生感冒数次，尤其是婴幼儿和学龄前孩子容易感冒。而孩子容易反复感冒的原因首先是由于他们的呼吸系统发育得不够完善，免疫功能低，如果再加上缺乏体育锻炼、营养不良，或居住的环境拥挤、通风不佳、空气污浊、阳光不足等，就使孩子更容易发生感冒了。若受到寒冷、潮湿的刺激，会引起鼻黏膜血管舒缩功能紊乱，易诱发孩子感冒。

## 感冒的孩子很难受

孩子感冒轻重程度相差很大，轻者，只是流清水鼻涕、鼻子堵塞、打喷嚏，或者伴有流泪、微咳，咽部不适。一般3～4天能自愈。有时也伴有发热、咽喉疼痛、扁桃体发炎。发热可持续2～3天甚至1周左右。孩子感冒时还常常伴有呕吐、腹泻。重者，体温高达39～40℃或更高，伴有畏寒、头痛、全身无力、食欲锐减，睡眠不安等全身症状。

## 感冒也需及早治疗

孩子感冒是极为普通的小毛病，但是来不得半点马虎，如果治疗不及时，或者治疗不当，常常可以引起许许多多并发症，常见的有鼻窦炎、喉炎、中耳炎及肺炎等等，甚至引起心肌炎、败血症等严重疾病而危及生命。此外，感冒也是许多疾病如麻疹、水痘、流行性脑膜炎等病的早期表现，需医生及时诊治。

## 如何让孩子远离感冒

因本病一年四季均易多发，而且经常反复患病，所以应重视预防，切不可认为是日常小病而轻率对待。

对孩子要加强衣着护理，合理喂养，按时添加辅食，加强体格锻炼，多到户外活动，多晒太阳，增强孩子对气温变化的适应能力。要根据气候变化适当增减衣服，防止忽冷忽热。

积极治疗佝偻病、营养不良和其他慢性疾病。

在呼吸道传染病好发季节，不要带孩子随意串门，减少交互感染的机会。

# 春季到来话“痄腮”

前不久看到报纸上登了一则消息：一个小学近半月内有 65 名学生感染流行性腮腺炎，占在校学生总数的 12.1%，其中 1 人死亡。在人们的印象中，腮腺炎是很普通的病，可也别小看了这个普通的病，它也会置人于死地。目前正是春天到来之际，随着万物复苏，春暖花开，各种流行病也开始悄悄蔓延了。流行性腮腺炎就是其中的一种。

## 什么是流行性腮腺炎

流行性腮腺炎，又叫“痄腮”，冬春季易发病，多见于 5～10 岁的孩子，是一种由病毒引起的急性传染病，好发于人群聚集处，如幼儿园、学校等。主要通过病儿大声说话、咳嗽或打喷嚏时的飞沫传播，与病人密切接触也可能被传染。孩子一旦患过流行性腮腺炎，将建立一种终身免疫，而永远不再患此病。

## 流行性腮腺炎并发症最危险

孩子如果在无意中接触了腮腺炎病毒就会传染上该病。病初病儿会出现畏寒、发热、头痛、咽喉痛，不想吃东西、恶心、呕吐和全身疼痛等症状。一两天后，常在一侧耳垂下方出现肿大、疼痛，而且症状在说话或咀嚼食物时加重，有时还会出现张口困难、流口水等。部分病儿患病 3 ~ 4 天后，对侧的腮腺也会发生肿大，甚至波及颈部及前胸上部，给病儿带来很大痛苦。虽然流行性腮腺炎本身对孩子的健康影响不大，但如治疗不及时，可能并发脑炎和急性胰腺炎，直接威胁孩子的生命，此外还可能并发睾丸炎或卵巢炎，影响生育能力。因此对腮腺炎切不可大意。

## 孩子得了流行性腮腺炎，家长该怎么办

对流行性腮腺炎目前尚无特效治疗方法，主要是抗病毒和对症处理。在日常护理上要注意以下几点：

隔离：一旦孩子患了流行性腮腺炎，首先要立即与健康人分开居住，居室要定时通风换气，保持空气流通。腮腺消肿之前不得去幼儿园或是学校，以免传染给其他孩子。

饮食：不要给孩子吃辛辣等刺激性大的食物，要给病儿易咀嚼和易消化的流食和半流食，以减轻孩子吞咽的困难。

消毒：孩子患腮腺炎后，其所用饮食用具要与其他人分开，并定时进行煮沸消毒。

对症处理：定时给孩子测量体温，必要时，可以采取降温措施。如果男孩的睾丸疼痛，可以用绷带把阴囊托起，以减轻疼痛。

保持孩子口腔卫生：经常用温盐水漱口。

局部热敷：用包了毛巾的热水袋帮孩子在患处热敷，减轻孩子的疼痛。

# 初春时节当心麻疹偷袭孩子

1 岁半的果果这几天病了，又是咳嗽又是发烧的，妈妈以为她得了感冒，于是给她吃了些感冒药。但几天后，果果的“感冒”不但没好，还在身上出了疹子，于是妈妈赶忙把她送到医院。医生经检查后发现果果得的是麻疹。令人庆幸的是，一周后果果体温恢复正常，脸上的疹子也有消退的趋势，小家伙的精神也开始恢复，又有心情和力气玩耍了。

近年来麻疹发生率逐年上升，初春时常出现流行，家长应当心麻疹偷袭孩子。

## 麻疹的特性

麻疹俗称“出疹子”，是由麻疹病毒引起的一种急性呼吸道传染病。一般在春季发病较多，每年的 3 月份发病数开始增加，4 ~5 月为发病高峰期。麻疹传染性强，主要通过飞沫传播，病人咳嗽、打喷嚏可将病毒借飞沫传播给他人。未出过麻疹或未接种过麻疹疫苗的孩子，一旦接触了麻疹病儿，便可能被传染上。病儿多为6个月~5岁的孩子。6个月以内的孩子，由于妈妈体内抵御麻疹病毒的抗体可进入孩子体内，一般不会被传染。随着我国孩子广泛地接种麻疹疫苗，麻疹发生率明显下降，但近年来有所反弹，家长不可掉以轻心。

## 麻疹孩子的难受经

典型的麻疹具有明显的特点，民间流传的“发烧3天，出疹3天，退疹3天”即是其真实写照。病初起症状似感冒，发热、流涕、咳嗽、打喷嚏等，同时还有两眼发红、畏光、眼泪汪汪。2~3天后，口腔内两颊可出现小白点，周围有红晕，3~5天后皮疹首先从耳后出现，逐渐由脖子发展到颜面、胸背、四肢、手足心，至此疹子即出透，若病程顺利，以后就进入恢复期，病程约10天。病儿若疹出又突然隐没，或出疹顺序杂乱，或疹出不透，伴面色白、咳嗽气急、高热肢冷、口唇发绀，提示有并发症，常可并发肺炎、咽喉炎、肠炎、脑炎、中耳炎等，可危及生命。因此，妈妈一定要密切关注孩子病情发展。

## 居家护理及防治对策

目前还没有针对麻疹病毒的专门抗病毒药，最好的办法是给孩子注射麻疹疫苗，这能在很大程度上预防孩子感染该病。

孩子的护理很重要：孩子患麻疹时一定要与避免与别人接触，同时注意卧床休息，让孩子多喝水和多喝热汤，保持口、鼻、眼部清洁。室内应经常通风，但应避免直接吹病儿。

及时治疗并发症：一旦合并肺炎等并发症，应马上带孩子就医，病情严重者应住院治疗。

## 长痘痘的豆豆——水痘

豆豆今年4岁。一天吃早饭时，豆豆说："妈妈，我不想吃饭，背上、屁股上痒痒的，帮我挠挠好吗?"妈妈边答应边提起豆豆的衣服，看见背上有零星的小红点。可不久豆豆身上的小红点变多、变大了，还有些变成了有液体的水泡。水泡圆圆的、鼓鼓的、亮亮的，像是透明的珍珠，只可惜是长在豆豆身上，他的样子可怜极了，妈妈心疼得呜呜直哭。豆豆忙安慰妈妈："妈妈，没关系，我的同桌小文脸上也长了痘痘，前几天都没来上幼儿园。"到了医院，没等豆豆妈开口介绍病情，医生就做出了判断：孩子得了水痘。医生接着给豆豆做了常规检查，见没有异常症状，就给开了药，并向豆豆妈交代了需要注意的事项。10天后，豆豆完全康复了，痘痘一个都不见了，而且还没有留下丝毫疤痕。孩子欢蹦如初，豆豆的妈妈高兴极了。

## 豆豆是怎样染上水痘的

原来水痘是一种急性传染病，传染力很强，通过飞沫或是接触，就有可能将疾病传给另一个人。由于水痘的传染性极强，且大部分孩子对水痘缺乏免疫力，幼儿园和学校就成了水痘发病的“重灾区”，且在冬春季多见。看来豆豆是在幼儿园里被小朋友染上水痘的。得了水痘可以终生免疫，得过一次就不会得第二次了。

## 出现症状怎么办

一旦发现孩子胸腹部出现红色小丘点，并逐渐蔓延至全身，数小时后变成大小不一的水疱，四周绕有红晕，水疱呈清澈的水珠状，壁薄易破，感瘙痒不适，应立即就医检查，以确诊是否发生水痘。一般水痘症状较轻，10 天左右，水疱结痂并痂脱而愈，不留疤痕。但如处理不及时，个别水痘病儿可并发肺炎、脑炎。

如发现病儿高热不退、呕吐、头痛、烦躁不安或嗜睡，这种情况极其严重，应及时找医生诊治。

## 如何自我防护

水痘病儿一经确诊，应立即在家隔离直至全部结痂，以免传染给健康孩子。

温水洗澡，保持皮肤清洁。

谨防病儿用手抓破痘疹，特别是面部的痘疹，以免化脓感染，留下疤痕。

病儿的被褥要勤晒，衣服要清洁宽大，防止因穿过紧的衣服和盖过厚的被子，造成过热引起疹子发热。

健康孩子要尽量避免与病儿接触。1岁以上孩子可接种水痘疫苗，以预防水痘感染。

# 谨防“卷土重来”的小儿结核病

小凯近段时间一直有些咳嗽，发低烧。妈妈带他到乡卫生院看了医生，说是感冒，吃点药就行了。可吃了药，好了没两天，这些症状又出现了，反反复复地拖了不少日子。眼见着孩子越来越瘦，为谨慎起见，妈妈带小凯去县医院做检查，结果诊断出孩子患上了肺结核。妈妈觉得很纳闷，如今的小孩也会患肺结核？

肺结核，这种人类历史上最古老的慢性传染病，尽管几十年来其发病率得到了很好的控制，但近年来又有“死灰复燃”和“卷土重来”的趋势，在我国部分地区学校更发生了结核病的流行。因此保护好孩子，防止小儿结核病“卷土重来”是每个家庭不可轻视的生活内容。

## 小儿结核是如何被传染的

结核病是结核杆菌引起的一种慢性传染性疾病，过去曾称为“痨病”，对人类危害极大，在没有有效的药物治疗之前，病死率极高，尤其是幼小的孩子。当孩子与结核病人接触时，很容易将病人咳嗽、打喷嚏、吐痰及高声谈笑时所喷射到空气中的带有结核菌的飞沫吸入肺泡，致使细菌在肺泡内生长繁殖，从而患病。孩子与病人距离愈近，接触愈密切，则传染机会就愈多。

## 小儿患结核病后有何表现

小儿结核病在早期常常没有明显的症状。有的孩子可以出现所谓“慢性结核中毒症状”，表现为长期不规则的低热、食欲不振、消瘦、盗汗、易疲乏，婴幼儿看上去不活泼，爱哭闹等，也可由于抵抗力差而反复发生呼吸道感染。有的孩子有经久不愈的咳嗽，变得瘦弱，面色也不好看。这时候就要到医院去检查是否患了结核病了。如果孩子与结核病人有过接触，尤其是家里发现结核病人，不论有无上述症状，都要及时到医院检查。

## 孩子患病后如何治疗

治疗结核病的关键是早发现，早治疗。结核病是一个需要长期治疗的慢性传染病，治疗必须彻底，才能防止病情恶化或复发，家长千万不可心急，给孩子用药要听从医嘱，按时按量服用，不要随意更改治疗方案，不可自行停药或增药。在服药过程中，如遇到疑问或其他情况，应及时向医生反映，然后采取必要的措施。

## 怎样保护我们的孩子

首先应及时发现和隔离结核病人，避免孩子与病人接触。

尽量避免让孩子到流动人群较为密集

的地方（如商场和集贸市场）。

应及时有效地接种卡介苗，增强机体的免疫力。

人人遵守公德，不随地吐痰。

# 都是蚊子惹的祸
## ——流行性乙型脑炎

很难忘记刚从学校毕业去儿童医院工作那年，那年夏天我是在传染科上班，看到病房内有80%的孩子患了流行性乙型脑炎。孩子们有抽搐的，有高热不退的，有呕吐的，也有昏迷不醒的。最为可怜的是3岁的园园，到医院时他已陷入昏迷之中。据其父亲张先生介绍，孩子出现这种症状已有好几天了，最初只表现为发烧，由于正在农忙季节，家里人没太在意，自己给孩子喂了点退烧药，后来孩子出现抽风、昏迷不醒，这才慌了神，到县里医院治疗后，病情愈加严重，于是转来我院。可由于病情太严重，医务人员虽全力抢救，但还是没能挽救园园的生命。看着园园父母无比心痛的神情，我的心也受到了强烈的震撼。

## 什么是流行性乙型脑炎

流行性乙型脑炎简称乙脑，是由乙脑病毒引起的，由蚊子叮咬传播的急性传染病。大多数病例发生在7、8、9这三个月。此时天气炎热，温度高，湿度大，适宜蚊子生长繁殖，带有乙脑病毒的蚊子在叮人时，就把病毒“种”到了人体内，从而使人发病。乙脑的病死率和致残率高，是威胁人群，特别是孩子健康的主要传染病之一。

## 蚊子是怎样传播疾病的

乙脑是一种人畜共患的传染性疾病，人和动物均可患病，并成为传染源，其中猪是主要传染源。但病人和病畜不能把病毒直接传染给健康人，而必须依靠蚊子进行传播。蚊子吸食了病人或带病毒动物的血后，再去叮咬健康人，病毒就经皮肤进入健康人的血液。感染病毒的人并非全部发病。当人抵抗力强时，侵入的病毒很快被消灭，人可以没有任何症状，但他却产生了免疫力。当人抵抗力弱或侵入的病毒数量多、毒力强时就可引起人发病。

## 乙脑的症状有何特点

乙脑多见于10岁以下的孩子，发病急，开始时出现发烧、头痛、恶心、呕吐，容易被误诊为感冒，但没有流鼻涕、咳嗽，体温高，很难退烧，精神差，爱睡觉，这是与感冒不同的地方。在发病2~3天后，病儿体温可高达39~40℃，同时出现嗜睡、说胡话、昏睡、昏迷等不同程度的意识障碍，大部分病儿会出现抽风。因此，在夏季发生的高热不退、剧烈头痛、频繁抽风、昏迷不醒，要高度怀疑乙脑。一般来说，重者会危及生命，即使抢救过来，也会有严重的后遗症。轻者刚开始仅出现发热、头昏等一般呼吸道感染症状，易被误诊。

## 如何预防乙脑

夏季应注意灭蚊，这是预防乙脑的重要措施。

家畜、家禽圈棚要经常洒灭蚊药。

接种乙脑疫苗，接种应在当地乙脑流行前一个月完成。

# 计划免疫帮助孩子健康成长

小明的父母是双职工，奶奶最近身体不好，父母就考虑把小明送到幼儿园。可是，没想到在入园体检时小明被诊断出得了乙肝。小明的父母捶胸顿足，后悔当初没有给小明接种疫苗。

与成人比较，孩子乙型肝炎临床症状不明显，或者特异性不强，容易被误诊、漏诊。预防接种乙肝疫苗是最有效的预防办法，能有效避免乙肝病毒对孩子的危害。

## 计划免疫的重要性

计划免疫即按照规定的免疫程序进行预防接种，它是预防传染病最经济、最有效、最方便的手段，也是保护孩子健康，增强孩子抵抗力的一项重要措施。婴幼儿对传染病的抵抗力很弱，包括乙肝在内的许多传染病，严重威胁着孩子的生命和健康。通过给孩子免疫接种，可以有计划、有步骤地提高和增强孩子抵抗疾病的能力，防止传染病的发生。

## 计划免疫包括哪些疫苗

目前我国计划免疫工作主要是指接种5种疫苗，预防7种传染病，即对12个月龄内的孩子进行5种疫苗（卡介苗、乙肝疫苗、脊髓灰质炎三价糖丸疫苗、百白破混合制剂和麻疹疫苗）的基础免疫，以及1岁以后适时进行加强免疫，使孩子获得对7种传染病（结核、乙型肝炎、脊髓灰质炎、百日咳、白喉、破伤风、麻疹）的免疫能力。

## 孩子计划免疫时间表

许多家长已经明白了预防接种的重要性，可不一定很清楚什么时候该接种什么疫苗，如果你看了下面列出的计划免疫时间表，就不会挠头了。

**计划免疫时间表**

| 年龄 | 应接种的疫苗名称 | 针次 |
| --- | --- | --- |
| 出生 | 卡介苗、乙型肝炎疫苗 | 第 1 次 |
| 1 个月 | 乙型肝炎疫苗 | 第 2 次 |
| 2 个月 | 脊髓灰质炎疫苗 | 第 1 次 |
| 3 个月 | 脊髓灰质炎疫苗 | 第 2 次 |
| | 白百破（白喉、百日咳、破伤风） | 第 1 次 |
| 4 个月 | 脊髓灰质炎疫苗 | 第 3 次 |
| | 白百破 | 第 2 次 |
| 5 个月 | 白百破 | 第 3 次 |
| 6 个月 | 乙型肝炎疫苗 | 第 3 次 |
| | 流脑疫苗 | |
| 8 个月 | 麻疹疫苗 | |
| 1 岁 | 乙脑疫苗（基础 2 针、间隔 10 天） | |
| | 白百破、麻疹疫苗、脊髓灰质炎疫苗加强 | |
| 1 岁半 | 流脑疫苗加强 | |
| 2 岁 | 乙脑疫苗加强 | |
| 4 岁 | 脊髓灰质炎疫苗加强 | |

# 预防接种明明白白

乐乐接种了疫苗。第二天早起，妈妈给她穿衣服时，发现针口处又红又肿，摸了一下，乐乐直喊痛。妈妈很是担心，跟单位请了假就带乐乐去医院看病了。

## 预防接种后的反应

大多数孩子预防接种后没有或者有很轻的反应，如针眼处出现红、肿、热、痛或局部淋巴结肿大，甚至出现发烧、食欲减退、呕吐、腹痛等。一般都不需要治疗，只要给孩子多喝些开水，好好休息，1～2 天后这些反应都会消失。但如果反应严重，如高烧不退、注射部位出现化脓感染、精神差且不思饮食，应该及时去请医生诊治。

## 预防接种的注意事项

接种疫苗后，应观察一段时间后，再离开接种地点。这样便于医生及时处理可能发生的过敏反应。

注意适当休息，不要做剧烈的体育活动和运动。

不要吃辛辣等刺激性大的食物。

接种部位要保持皮肤清洁，但暂时不要洗澡。

反应严重时立即到医院诊治。

## 哪些情况暂时不宜进行预防接种

过敏体质的孩子，如患有荨麻疹、支气管哮喘、有严重的药物过敏史等。

免疫缺陷的孩子，如先天性免疫缺陷病、丙种球蛋白缺乏症等。

正在接受免疫抑制剂（如激素）治

疗，或者进行放射治疗的孩子。

最近有急性传染病接触史和处于急性传染病恢复期的孩子。

患有各种急性病的孩子，如感冒、急性肠炎等。

有慢性心脏病、肾脏病、肝病的孩子。

脑发育不全或有癫痫史、惊厥史的孩子。

其他：

与结核病人有过密切接触或结核菌素试验呈阳性的孩子，不可以接种卡介苗。

对青霉素过敏的孩子不能接种乙脑疫苗。

一日大便超过 4 次以上的腹泻的婴幼儿，不宜服用脊髓灰质炎疫苗的糖丸。